奶油減量也 OK！

好吃甜點巧思技法

菊地賢一

瑞昇文化

製作甜點時，奶油的濃郁香氣是增添深奧風味與芳香氣息不可或缺的要素。正因為如此，對法式甜點而言，最嚴重的問題莫過於近年來經常性的奶油不足。

去年秋天，受到太白胡麻油廠商的請託，開發「用植物性油脂製作甜點」的系列商品。正巧那時業界內外也正在討論年底面臨到的奶油不足問題，我開始思考萬一碰上買不到奶油的情況時，要如何以其他油脂來代替，這便成為撰寫本書的契機。

接著聖誕節來臨。在最繁忙的時期突然買不到足夠的奶油，深切感受到奶油不夠用的困窘——。

本書的主題是在欠缺奶油的情況下，該如何盡力維持住甜點的品質。為此，植物性油脂成為必備食材。食譜中有將全部奶油用量改成植物性油脂者，也有減少奶油配方比例以植物性油脂來代替的作法。不胡亂添加植物性油脂，在保有和奶油製作出的口味完全相同的前提下，自由發揮植物性油脂的用法。另外，法式甜點的製作本來就源自於奶油產量豐富的法國國情，因此心中不敢忘卻對此項傳統抱持的敬意。

希望本書的40道食譜能成為您克服奶油短缺時的幫手。

Les années folles 菊地賢一

目 錄

・標記在蛋糕或配料名稱後面的是［所用油脂］。因為使用的油脂終究是範例之一，在考量到香氣與風味兼具的情況下，建議選用方便製作的油脂。

本書的使用須知

- 鮮奶油沒有特別註明時請選用「乳脂肪含量38%」者。
- 麵粉等粉類過篩備用。材料欄中括弧起來的食材混拌均勻。
- 烤箱事先預熱。溫度或烘焙時間為參考值。書中使用的是專業烤箱和多功能烤箱。
- 攪拌機的攪拌時間等為參考值，請視實際狀態增減。

編　輯　　橫山せつ子
攝　影　　大山裕平
設　計　　筒井英子

第 I 章

以植物性油脂代替奶油

奶油和植物性油脂的差異為何？

即使同樣屬於油脂類，奶油和植物性油脂的特徵各不相同。先來看看它們的差異處。

奶油	・原料為牛奶，屬於動物性脂肪。 ・常溫下為固體（不過在 15℃左右具可塑性，到了 30℃上下開始融化）。 ・經過加熱等過程，能引出乳製品的香氣。具獨特風味。 ・冷藏保存。可依使用目的調成適當的軟硬度及狀態。
植物性油脂	・原料為種子、堅果或果實等，屬於植物性脂肪。 ・常溫下為液體（有部分油品非液體）。 ・植物性油脂方便用於甜點製作，即使加熱也不會散發出濃厚香氣。雖然原料素材本身相當濃郁醇厚，但味道並不明顯。 ・常溫保存。可以直接使用。

在甜點製作方面兩者間最大的差異是，「奶油為固體油脂」、「植物性油脂為液體油脂」。例如，戚風蛋糕是少數用植物性油脂製作的糕點，那是因為植物性油脂為液體油脂，不論是常溫或冷藏保存都不會變硬，可以讓剛烤好的鬆軟質地不緊縮，維持柔軟狀態。另外，奶油能做出糕點特有的酥脆性、奶香味與可塑性，可以妥善利用這些特性做成派皮、塔皮或奶油蛋糕等麵團。

因為奶油和植物性油脂的性質不同，用植物性油脂代替奶油製作甜點時，一定要分辨清楚以下事項，像是有些只能用奶油做，有些則可讓植物性油脂取代奶油（會有完全取代，或是部分替換等不同的程度），用奶油和植物性油脂製作，雖然味道有異但幾乎不會改變糕點的物質特性等等。

本書的觀點在於熟知奶油的優點，並以植物性油脂完全或部分取代其優點。

植物性油脂中最適合製作甜點的油品是？

本書中使用的植物性油脂有太白胡麻油、米糠油、橄欖油、葡萄籽油、榛果油、核桃油、夏威夷豆油和椰子油。

植物性油脂的種類有數十種，在健康方面的功能性相當多樣，以下是選擇這些油品的原因。

- 容易取得。
- 與奶油價格相當。
- 不會破壞蛋糕的原味，油品無色透明，幾乎不具香氣與風味。
- 保有堅果或種子的美味與濃醇度，可以製作出有別於奶油但風味馥郁的甜點。
- 耐高溫烘焙，抗氧化性佳。

當然不是說書中沒有使用的油品就不適合用來做甜點。我還想嘗試如花生油、開心果油、南瓜籽油、松子油…等多款油品。如果過去有用得慣的植物油，也可以拿來使用。另外，品質再好的油品，若會因加熱而氧化導致油質變差（亞麻仁油、紫蘇油等），就不適合烘烤成甜點。

本書基於以下兩點，不使用精製沙拉油、人造奶油、調和奶油和酥油。一是不讓美食家嚐出沒有使用奶油的不足之處；二是上述油品多含反式脂肪酸（關於反式脂肪酸，歐美等地對是否可用及標示義務等均有規定，但在台灣、日本現今的飲食生活中，因攝取量少，所以沒有那麼重視其危險性）。

本書所用油品的特色簡介

將書中使用的植物性油脂依甜點特色大致區分如下。

「太白胡麻油」和「米糠油」的用途相當廣泛，是萬用油品。相較之下，「榛果油」、「核桃油」、「夏威夷豆油」和「葡萄籽油」等，味道清淡，屬原料本身的風味。因此，在製作各式堅果甜點時可以做提味之用。雖然不能散發出香濃氣味，但搭配太白胡麻油或米油一起使用，就能呈現出深奧風味與清爽口感。

「橄欖油」是所有植物性油脂中風味最為明顯者，所以適合用來做熟食類或鹹點。「椰子油」的味道也很強烈，因此可以用來增添椰子類甜點的風味。

類別	油品與特色
萬用型油品	**太白胡麻油／米糠油** 幾乎無味無香，也不太有黏性，油質清爽，因此能廣泛應用於甜點製作上。
風味深奧的油品	**榛果油／核桃油／夏威夷豆油／葡萄籽油** 油品具堅果或種子本身的濃醇氣味。雖然風味及香氣並不明顯，但能為甜點提味，展現出深奧與多層次的口感。因成品而產生的差異性相當大，所以必須試喝油品，確認烘焙後的香氣味道等。
風味明顯的油品	**橄欖油／椰子油** 風味及香氣特殊且明顯，所以用途有限。因為是優質油品，打算善加利用。

植物性油脂美味且濃郁

本書中使用的植物性油脂，色澤透明，幾乎無味無香。這是為了不影響到製作甜點時會用到雞蛋或麵粉等素材而選用。

然而，品質優良的植物性油脂即使沒有味道與香氣，卻帶有堅果或種子原料本身的濃郁與美味。這部分在看過書中經常用到的太白胡麻油（生榨的透明芝麻油→ P14）和沙拉油的味覺分析圖表後就能明瞭。

太白胡麻油質地精純味道澄淨，但口感滑順且濃郁。另外，沙拉油則是整體風味溫和。而再看到做為參考用的植物性油脂，即氣味明顯的橄欖油，就能清楚知道彼此間的味道特徵。植物性油脂看似無味，實則具有多重風味。

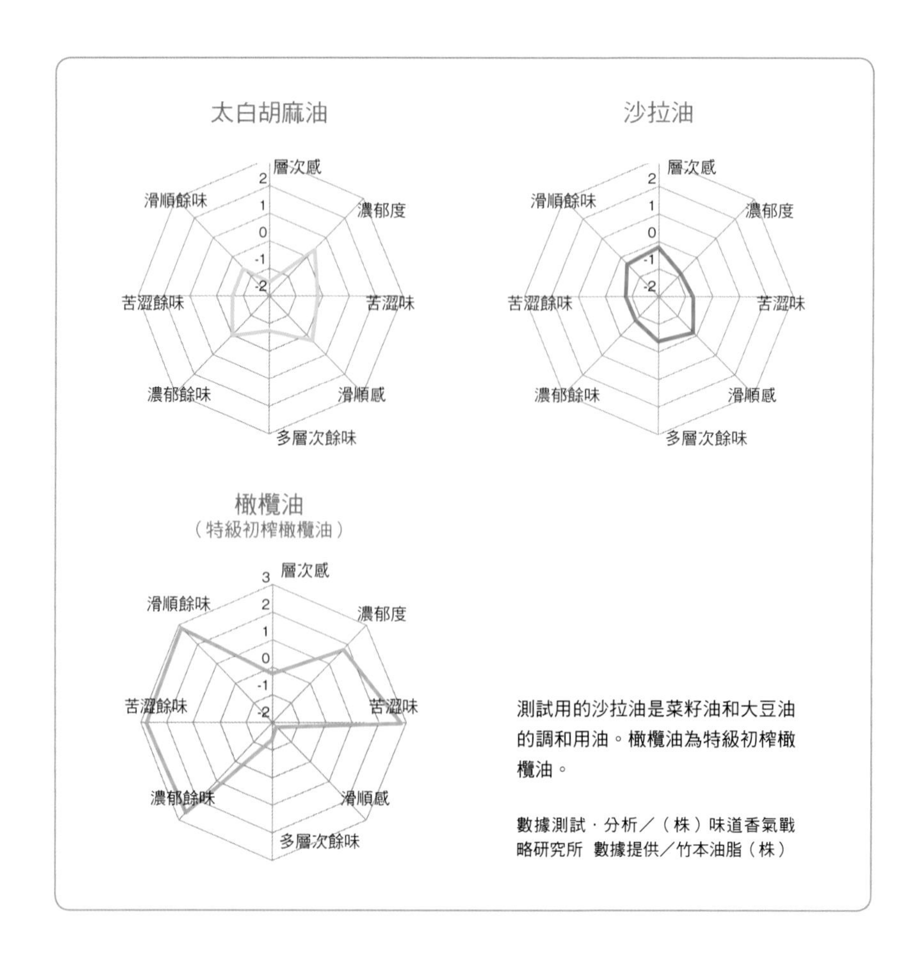

測試用的沙拉油是菜籽油和大豆油的調和用油。橄欖油為特級初榨橄欖油。

數據測試．分析／（株）味道香氣戰略研究所　數據提供／竹本油脂（株）

植物性油脂的營養

從本書中使用的植物性油脂中選出三款，和做為參考用的無鹽奶油，將彼此間的營養成分製成下述表格。

植物性油脂的熱量 100g 約為 900kcal（＝ 1g 相當於 9 kcal）。這一點下述三種以外的植物性油脂都一樣。順帶一提，奶油的熱量 100g 約為 760g（＝ 1g 相當於 7.6 kcal）。此外，植物性油脂的脂質雖為 100g，但膽固醇含量卻是零（或少量）。

食用份量 100g　取自「日本食品標準成分表 2010」

	熱量	水分	蛋白質	脂質	碳水化合物	礦物質	維生素E	膽固醇
	kcal	（………… g			………）	（…… mg		……）
橄欖油（特級初榨）	921	0	0	100.0	0	微量	8.9	0
芝麻油	921	0	0	100.0	0	1	44.8	0
米糠油	921	0	0	100.0	0	微量	30.8	0
無鹽奶油	763	15.8	0.5	83.0	0.2	14	1.5	220

植物性油脂的特性會依脂肪酸的組合比例而有所改變。將其簡單歸納如下。

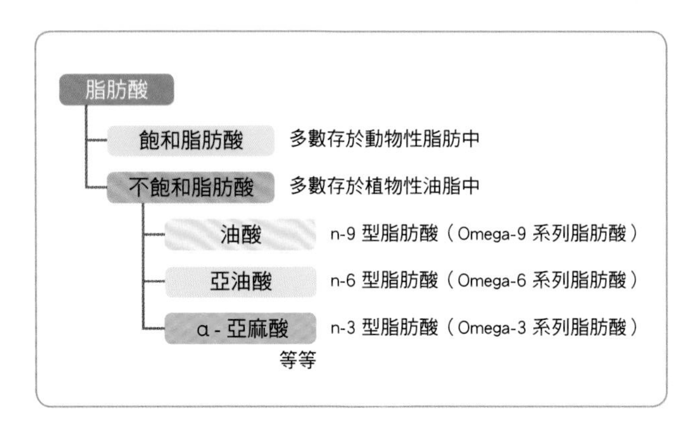

脂肪酸可分成「飽和脂肪酸」和「不飽和脂肪酸」。肉類或乳製品等動物性脂肪富含飽和脂肪酸，據說攝取過多不益健康。

另外，植物性油脂和青魚（註：泛指沙丁魚、鯖魚、秋刀魚等背部青色的魚種）則富含不飽和脂肪酸，據說有益於預防生活習慣病等。

近年來，不易氧化的油酸在不飽和脂肪酸中特別受到矚目，富含油酸成為油脂的抗氧化性指標之一。而曾經被認為有益於健康的亞油酸，因擔心攝取過量會造成不良影響，趨於減量控制。容易氧化也是亞油酸的特徵。

n-3 型脂肪酸普遍認為對身體很好，具代表性的有 α - 亞麻酸和青魚中所含的 DHA、EPA 等。亞麻仁油或紫蘇油等植物性油脂富含 α - 亞麻酸，令人遺憾的是這種油不耐加熱，不適合用來製作甜點。

甜點製作方面的抗氧化性

是否具備優異的抗氧化性為判斷油質好壞的指標之一。

氧化係指油脂因空氣、光線和溫度等因素而惡化，產生難聞難吃的氣味。不論氧化是發生在油脂本身的狀態（製作前），或是製成甜點後（製作後），外觀顯得油膩、有股油臭味，就是產生氧化酸敗的訊號。由高溫烘焙而成的甜點容易氧化，尤其要特別留意烘焙後，販售期間較長的燒菓子。

選擇不易氧化的油脂指標有，富含油酸、含有豐富的維生素 E 或是含有大量抗氧化物質等。舉例來說，橄欖油的脂肪酸中約有 75% 為油酸，具優異的抗氧化性。另外，芝麻油因含有芝麻酚，也能發揮高度的抗氧化性。

肉眼看不到植物性油脂的腐敗、發霉，但開封後就會開始氧化。必須拴緊瓶蓋，不要存放在靠近烤箱等的高溫場所。另外，如果用量不多時，建議分裝成小容量，就能經常用到新鮮的油脂。堅果類油品尤其容易氧化要特別小心。

從奶油換成植物性油脂的替代重點

從奶油改成植物油，就整體而言味道變得清淡。然而，雖說清淡，但具有堅果等的美味與濃郁度，不會有口味過淡的感覺，這可說是植物性油脂的優點。扭轉奶油不足的困境，絕對可以重新做出美味甜點。

將原本使用的奶油改換成植物性油脂時，只要把握住以下重點即可。

- 試著將原本奶油用量的一半改成植物性油脂。從這種配方開始試作可以減少失敗的情況。
- 使用最無味無色無香的中間性油品，太白胡麻油和米糠油。這兩種油即便拿來做甜點也不會有違和感。本書中用太白胡麻油做出的點心，用米糠油也能完成。

食譜相同的情況下，用太白胡麻油和米糠油做出的海綿蛋糕質地

太白胡麻油

米糠油

用 P21「海綿蛋糕體」的食譜和做法來比較。出爐後的烤色、香氣、風味、質地幾乎相同。

- 以太白胡麻油或米糠油為基底油，配合甜點的味道與口感使用堅果類等風味濃厚的油品，擴大應用範圍。
- 植物性油脂請常溫保存。在冬天溫度相當低的情況下，會看到白色沉澱物或是呈現混濁狀態，這不是品質發生問題，只要溫度回升就能恢復原狀。用於甜點製作時，為了不讓麵糊的溫度急速下降，最好維持常溫。

本書中使用到的植物性油脂 *Huile végétale*

以書中用過的植物性油脂為範例，將各自的特色簡單摘要如下。

因為每款油品依品牌、產品會呈現出不同的色澤、黏度及風味香氣，在有機或冷壓（低溫壓榨法）等製作方法上也有所差異，將其視為參考資料即可。並放上各油品主要的脂肪酸成分表以供參考。

※ 脂肪酸成分表依（財）日本油脂檢查協會提供的數據製成

太白胡麻油 *Huile de sésame*

這是生榨芝麻而得的無色透明芝麻油，和香氣四溢的茶色芝麻油（芝麻先經烘焙翻炒再壓榨取得）不同。近乎無味無香，卻具有芝麻本身的美味與濃郁度。油質不太有黏性相當清爽。富含芝麻才有的抗氧化成分芝麻酚，所以是植物性油脂中抗氧化性特別高的油品。不會影響到其他素材本身的味道，烘焙後也不易氧化變質，非常適合拿來做甜點，用途相當廣泛。

※ 因太白是註冊商標，所以也有人稱之為生榨芝麻油。

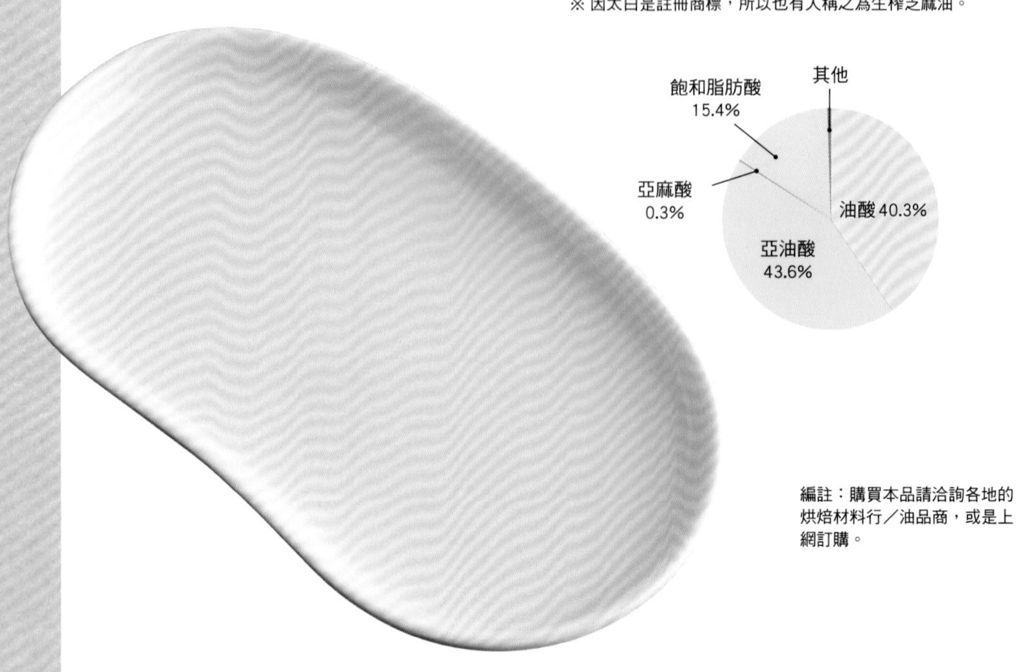

飽和脂肪酸 15.4%
其他
亞麻酸 0.3%
油酸 40.3%
亞油酸 43.6%

編註：購買本品請洽詢各地的烘焙材料行／油品商，或是上網訂購。

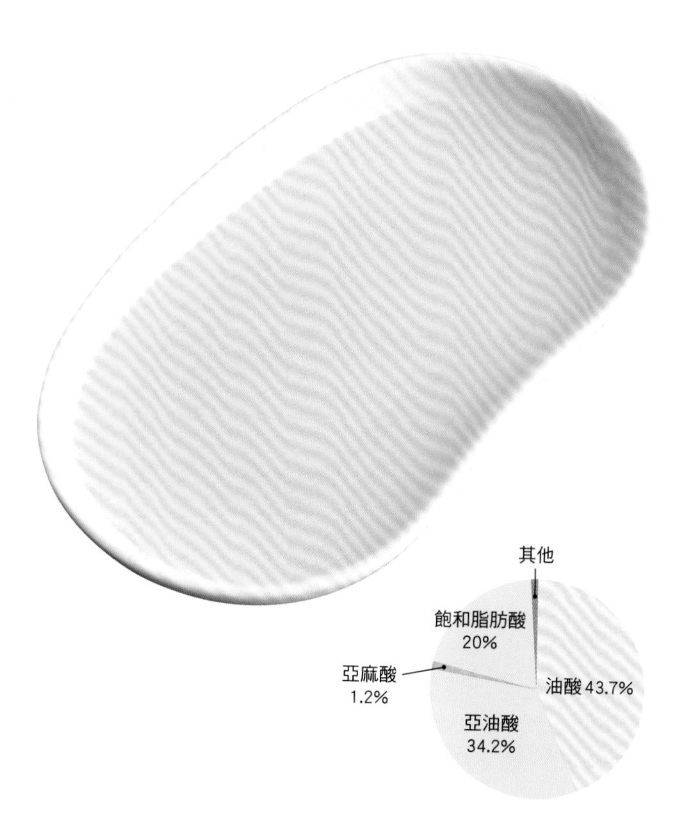

米糠油　*Huile de riz*

萃取自米糠。含有油酸、維生素 E 成員之一的生育三烯酚（tocotrienol）、還有米糠原有的多酚成分 γ-穀維素（γ-Oryzanol），因此對加熱的氧化穩定性高。色澤透明略帶淺黃色。油質清爽，近乎無味無香。美味且濃郁，不影響素材本身的風味。和太白胡麻油一樣可以用來製作各式點心（本書使用太白胡麻油的食譜，也可以替換成等量的米糠油）。因為原料是米，使用國產素材成為強力誘因。

其他
飽和脂肪酸
20%
亞麻酸
1.2%
油酸 43.7%
亞油酸
34.2%

橄欖油　*Huile d'olive*

萃取自橄欖樹的果實。具有獨特的香氣與風味，所以很少用於甜點方面，不過本書利用它來製作鹹點或法式熟食等。請見書中法式野菇鹹派→ P52 和法式橄欖鹹蛋糕→ P64 的用法。也可以使用含香草或白松露精油的橄欖油。尤其是特級初榨橄欖油，雖說擁有明顯且多變化的香氣和風味，但在糕點製作方面適合用於其他素材風味不明顯，本身味道溫和的產品。因脂肪酸成分中約有 75% 為不易氧化的油酸，抗氧化性強為其優點。

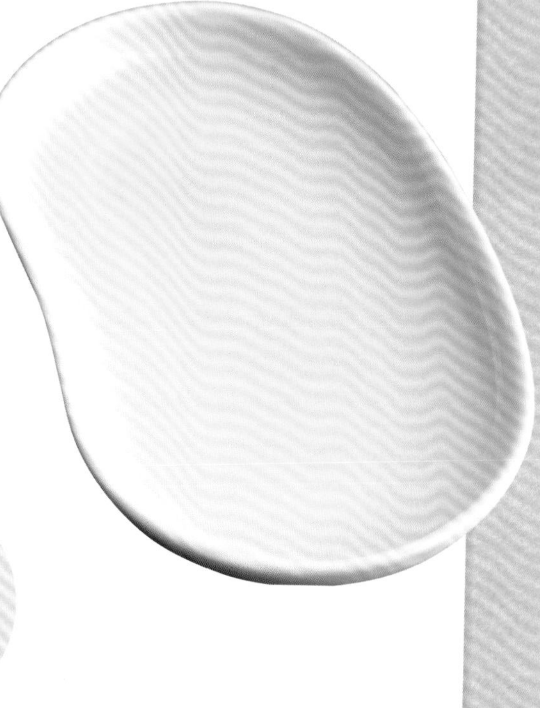

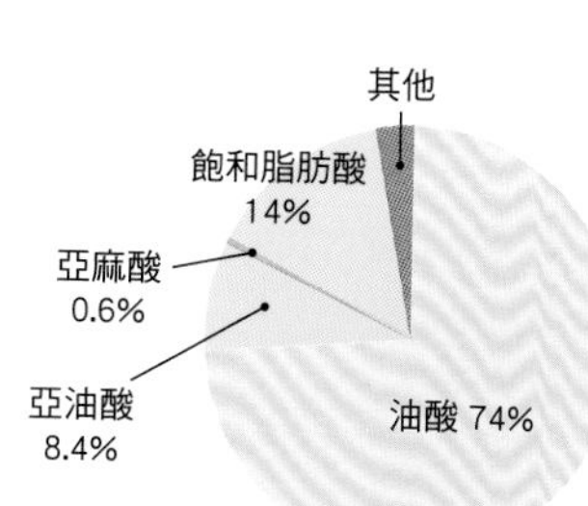

葡萄籽油 *Huile de pépins de raisin*

萃取自葡萄籽。油品主要輸入來源為義大利、法國、西班牙和智利。雖然亞油酸的含量豐富，但因富含維生素E和抗氧化物質的多酚，所以適合加熱烹調，是眾所皆知的健康油品。色澤從通透的深綠色到淺黃色都有。油質清爽，幾乎是無味無香且清淡。在本書中，將常用來做紅蘿蔔蛋糕的沙拉油改成葡萄籽油→ P60。

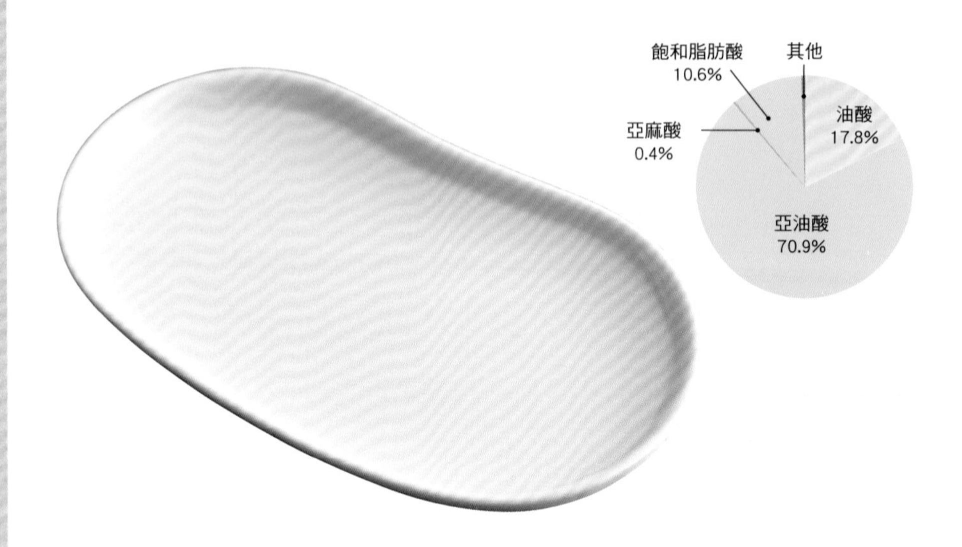

榛果油 *Huile de noisette*

榨取自榛果的油品。油酸含量豐富。充滿榛果的濃厚芳香味，風味高雅。在書中用來製作聖誕樹幹蛋糕→ P30 的海綿蛋糕體和榛果奶油內餡等。用於以榛果製作的甜點，藉由相乘效果讓風味變得醇厚，增添味道餘韻。

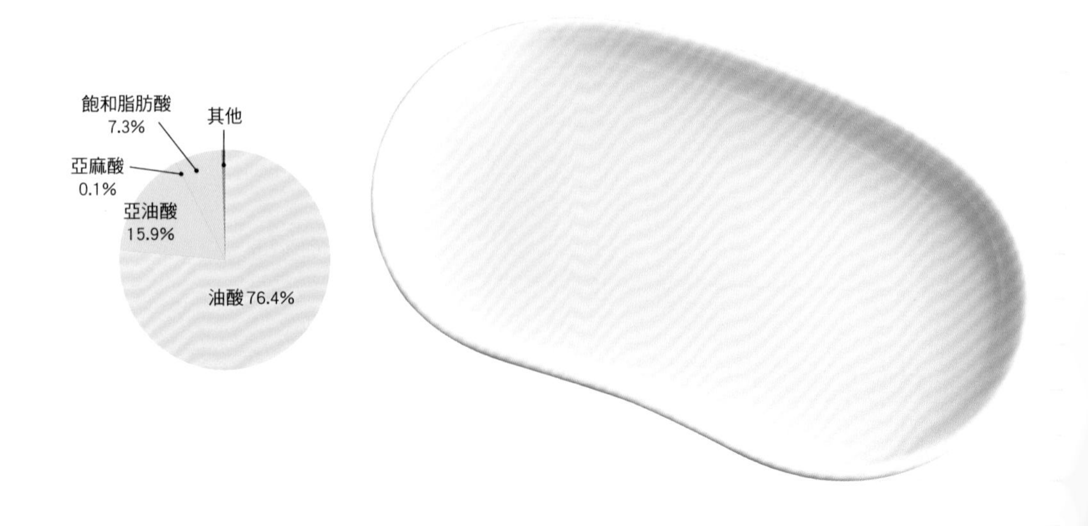

核桃油 *Huile de noix*

榨取自核桃的油品。保留核桃原有的豐富美味，屬於堅果類油脂中風味較強者。雖然同為堅果類油脂，但搭配相同堅果製作的甜點更能呈現出深濃的味道。書中的核桃戚風蛋糕→ P62 和法式蘋果酥捲→ P68 就是為了增添風味餘韻而使用核桃油。

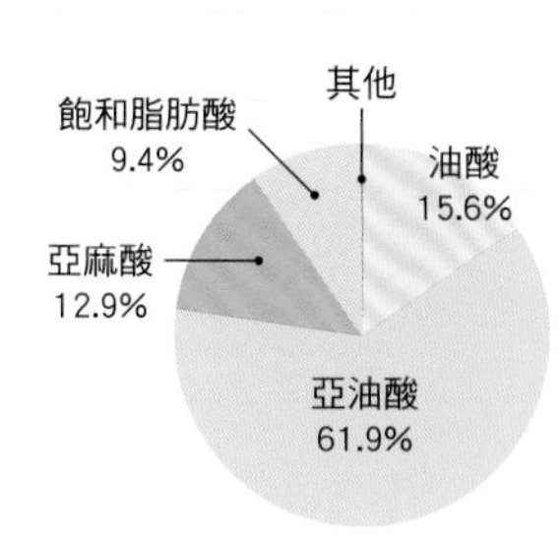

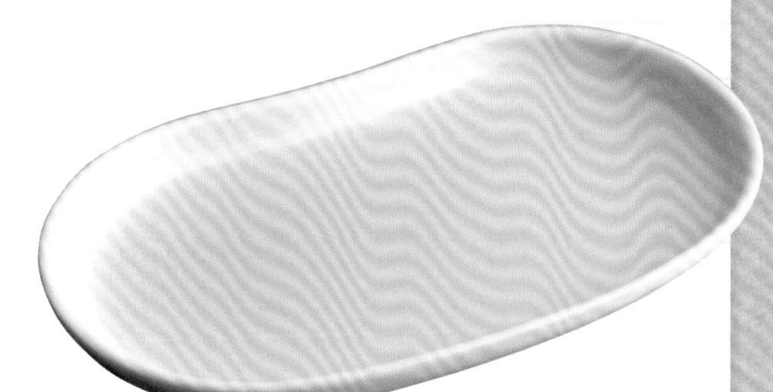

夏威夷豆油 *Huile de macadamia*

榨取自夏威夷豆，是款濃郁醇厚的油品。不但富含油酸，還擁有夏威夷豆特有的棕櫚油酸等，不飽和脂肪酸占全體脂肪酸的83%，不易氧化。

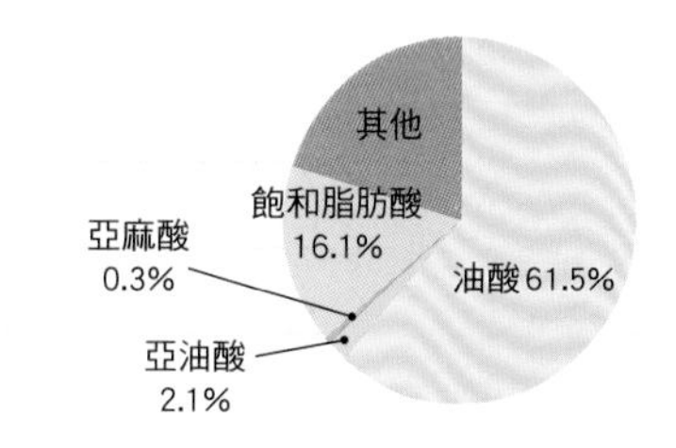

椰子油 *Huile de coco*

壓榨椰肉而得的油品。主要產自菲律賓、泰國和印尼。其特點為富含中鏈脂肪酸，可以加速體內脂肪的分解燃燒速度，不易囤積體脂肪。據說還有多重健康功能，近年來頗受矚目。因為椰子油放在 25℃以下就會變成白色固體狀態，通常以類似乳霜狀態的奶油這般軟硬度來使用，像椰子酥餅→ P46 般，容易揉進酥餅麵團內。風味高雅且帶有椰子味，因此必須配合用量斟酌使用。

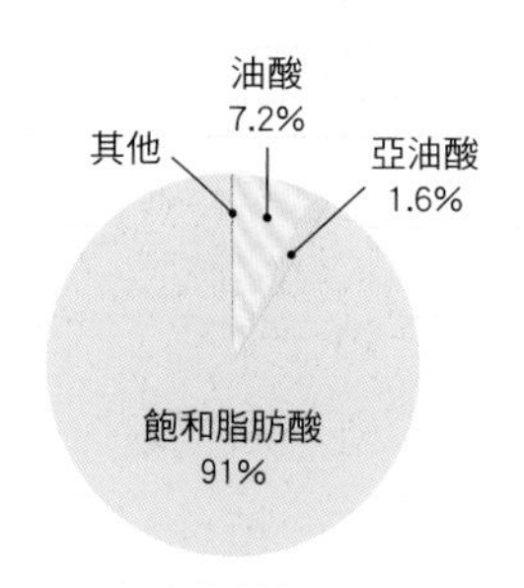

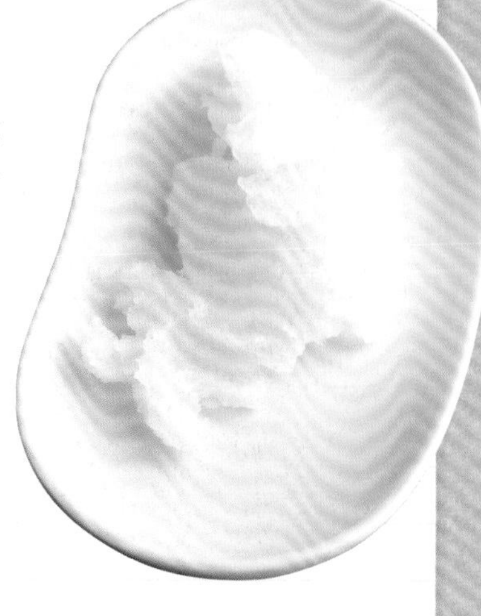

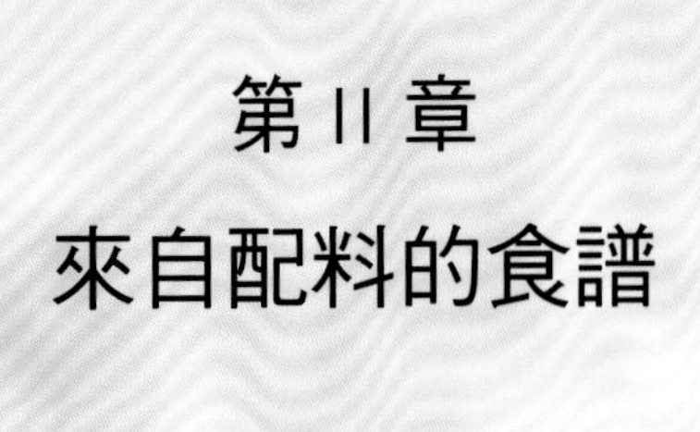

第 II 章
來自配料的食譜

思考著有哪些配料能夠發揮植物性油脂的特性，將這些配料當作靈感來源製作成蛋糕。整體而言使用植物性油脂，味道會偏於清淡，不過可以利用這項特點做出清爽的甜點，或是輔以其他素材，提升味道的層次。調整配方比例時，必須知道奶油和植物性油脂的風味與香氣，及油脂間的物理性差異。

Gâteau aux Fraises et Chantilly
莓果奶油蛋糕

基礎海綿蛋糕體　太白胡麻油

用於奶油蛋糕的海綿蛋糕體，奶油本身的風味沒有那麼重要，即使因為奶油不夠改換成植物性油脂，也能保有味道品質的配料。這款配方做出來的蛋糕體質地介於海綿蛋糕和戚風蛋糕之間，輕柔中帶有扎實的口感。加入比做海綿蛋糕還多的蛋白霜，創造出輕盈感，並以蜂蜜和海藻糖保持濕潤。增加戚風蛋糕所用的麵粉比例，做出即使填入內餡或奶油也不會倒塌的蛋糕體。這是款口感濕潤、鬆軟、綿密且具彈性，在日本頗受歡迎的海綿蛋糕。

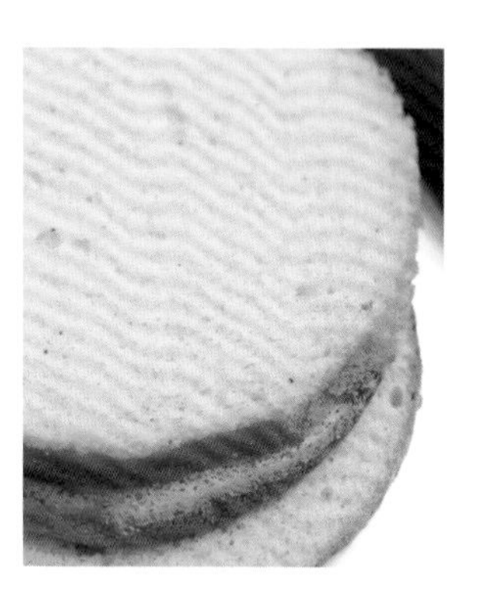

材料　直徑 15cm 的圓形模 6 個份

	材料	份量
A	蛋黃	210g
	細砂糖	35g
	海藻糖	5g
	蜂蜜	18g
	香草籽	少許
B	太白胡麻油	120g
	牛奶	60g
	香草油	0.5g
C	蛋白	390g
	細砂糖	130g
	海藻糖	30g
	低筋麵粉	220g

事先準備

- 在烤模的底部和側邊鋪紙。

1 將 A 打散起泡。和打發蛋黃麵糊的作法類似，但不隔水加熱，打到蛋糊鬆軟，拿起打蛋器，滴落下來的蛋糊能夠有清楚的摺疊狀即可［a］。

2 B 的太白胡麻油、牛奶和香草油混合均勻溫熱至人體溫度備用［b］。

3 將 C 打發做成蛋白霜。一開始先加入所有的材料打出泡沫，再確實打發成細緻且挺立的蛋白霜［c］。

4 將 **1** 倒入攪拌盆中，一次全加入 **3** 的蛋白霜，用橡皮刮刀由底部往上撈的方式俐落地混拌均勻［d］。

5 在蛋白霜還沒完全拌勻前，少量多次地加入低筋麵粉，以稍大的力氣確實攪拌均勻［e・f］。這部份如果沒有仔細攪拌至光滑，烤好後的蛋糕底部會出現大塊粉粒。

6 在 **2** 中加入一些 **5** 的麵糊，用打蛋器攪拌［g］，再把這些麵糊倒入 **5** 中攪拌均勻［h］。

point 比起融化的奶油，植物性油脂的黏性較弱所以會比較快擴散均勻，可以減少攪拌次數，這樣麵糊也不容易消泡。

7 每個烤模各倒入 200g 麵糊［i・j］。放入 170℃的烤箱中烤 30 ～ 40 分鐘。烤好後，立刻從烤模取出倒扣於烤網上放涼，溫度稍降後再上下倒放一次使其充分冷卻。

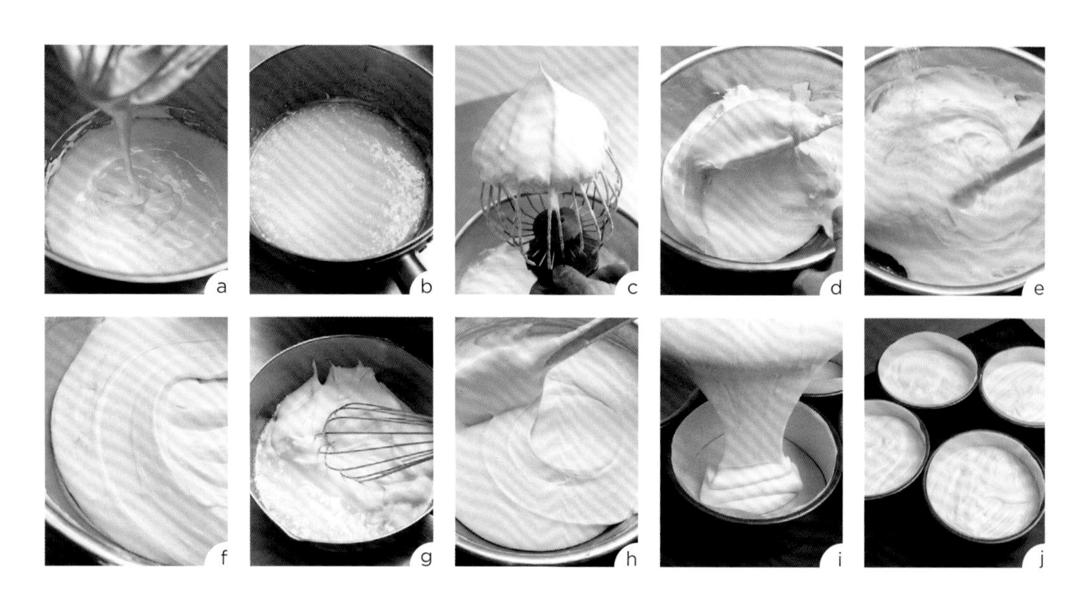

莓果奶油蛋糕 | 太白胡麻油

利用 P21 的原味海綿蛋糕體做成的莓果奶油蛋糕。因為質地非常柔軟入口即化，所以發泡鮮奶油以乳脂肪含量低的鮮奶油製作即可。這款海綿蛋糕質地濕潤，因此不用再刷抹糖漿，如果想增添酒香時，比較合宜的做法是在發泡鮮奶油中加入櫻桃白蘭地或橙酒，整體口感更為協調。

材料　直徑 15cm 的圓形模 1 個份

海綿蛋糕體→ P21　1 個
發泡鮮奶油→ P92　約 250g
草莓、喜歡的莓果　適量
糖烤杏仁粒→ P93　適量
覆盆子果醬　適量
開心果（碎粒）　隨意

1 用鋸齒刀將海綿蛋糕的上下表面切掉，再分切成 3 片厚度 1cm 的蛋糕。
2 在 3 片海綿蛋糕中夾入發泡鮮奶油和草莓、莓果。
3 用保鮮膜從上包住，雙手輕壓蛋糕邊緣整型成圓弧狀［a · b］。
4 用抹刀抹上發泡鮮奶油［c · d］。下方黏上一圈糖烤杏仁粒，草莓塗上加熱過的覆盆子果醬做為裝飾，再放上莓果。擺上開心果碎粒即可。

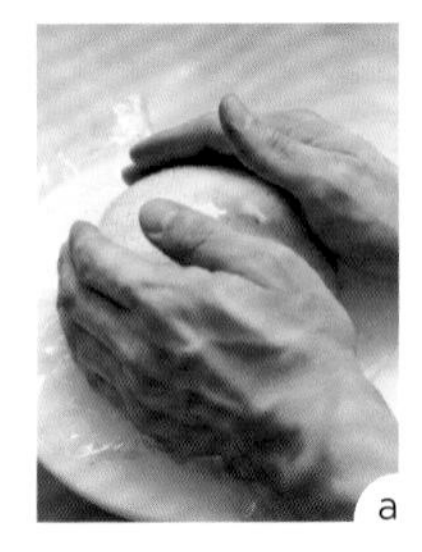
a

b

c

d

海綿蛋糕體的應用

搭配蛋糕和內餡風味準備使用的油脂

- 太白胡麻油海綿蛋糕體 → ［原味 · 用圓形模烤］…… 莓果奶油蛋糕 → P20
- 太白胡麻油海綿蛋糕體 ＋ 巧克力 → ［大理石 · 用圓形模烤］…… 大理石巧克力蛋糕 → P24
- 椰子油 50% ＋太白胡麻油 50% 的海綿蛋糕體 → ［椰子口味 · 用烤盤烤］…… 熱帶風味蛋糕捲 → P26
- 太白胡麻油海綿蛋糕體 ＋ 抹茶 → ［抹茶口味 · 用烤盤烤］…… 抹茶蛋糕捲 → P27
- 奶油 50% ＋榛果油 25% ＋太白胡麻油 25% 的海綿蛋糕體 → ［原味 · 用烤盤烤］…… 聖誕樹幹蛋糕 → P30

Gâteau aux Fraises et Chantilly

Gâteau Marbré au Chocolat

大理石巧克力蛋糕

大理石巧克力蛋糕

太白胡麻油

把原味海綿蛋糕體稍作變化做成大理石巧克力海綿蛋糕。為了充分利用這塊海綿蛋糕才有的濕潤質地，特地不將巧克力拌勻以形成紋路，烤出來的蛋糕就像是「放了生巧克力」般的模樣。蛋糕質地和巧克力都非常濕潤，搭配得恰到好處，與滑順濃郁的甘納許（Ganache）相當對味。

材料　直徑 15cm 的圓形模 6 個份

大理石海綿蛋糕體
- 和 P21「海綿蛋糕體」的材料相同
- 鮮奶油　50g
- 黑巧克力（可可含量 58%）　50g
- 可可粉　25g

甘納許
- 黑巧克力（可可含量 66%）　500g
- 鮮奶油　460g
- 轉化糖（Trimoline）　30g
- 細砂糖　60g
- 太白胡麻油　70g

巧克力薄片
- 黑巧克力（可可含量 58%）　100g

可可粉　適量

事先準備

・在烤模的底部和側邊鋪紙

1 和 P21「海綿蛋糕體」做法 1～6 一樣。

2 將鮮奶油煮沸，加入巧克力攪拌使其乳化，再倒入巧克力粉混拌均勻。

3 在 2 中倒入一些 1 的麵糊用橡皮刮刀混拌〔 a 〕，將攪拌好的麵糊倒回 1，只混拌 3、4 次使其呈現大理石紋路〔 b 〕。

point 巧克力攪拌成花紋模樣。

4 和「海綿蛋糕體」做法 7 一樣〔 c・d 〕。

5 用鋸齒刀將蛋糕的上下表面切掉，再分切成 3 片厚度 1cm 的蛋糕。

6 製作甘納許。鮮奶油加轉化糖煮沸。當細砂糖呈現焦糖狀時關火，加入煮沸的鮮奶油拌勻。將這些一次全倒入巧克力中，暫時靜置等巧克力遇熱表面軟化後，攪拌中間使其乳化。分 2 次倒入太白胡麻油攪拌均勻。再用電動攪拌棒攪打使其充分乳化。甘納許的製作重點可以參考 P76 →「覆盆子巧克力糖」。

7 在 5 的 3 片海綿蛋糕中抹上 6 的甘納許。整體表面也塗抹上甘納許。

8 製作巧克力薄片。融解巧克力，將溫度調整到 30℃。倒在大理石工作台上，用曲柄抹刀抹開成薄層。凝固後，再用三角刮板刮成條狀拿起。

9 在 7 的側邊貼上 8 的巧克力薄片，並裝飾於蛋糕上。最後撒上可可粉即可。

a

b

c

d

Rouleau Tropical
熱帶風味蛋糕捲

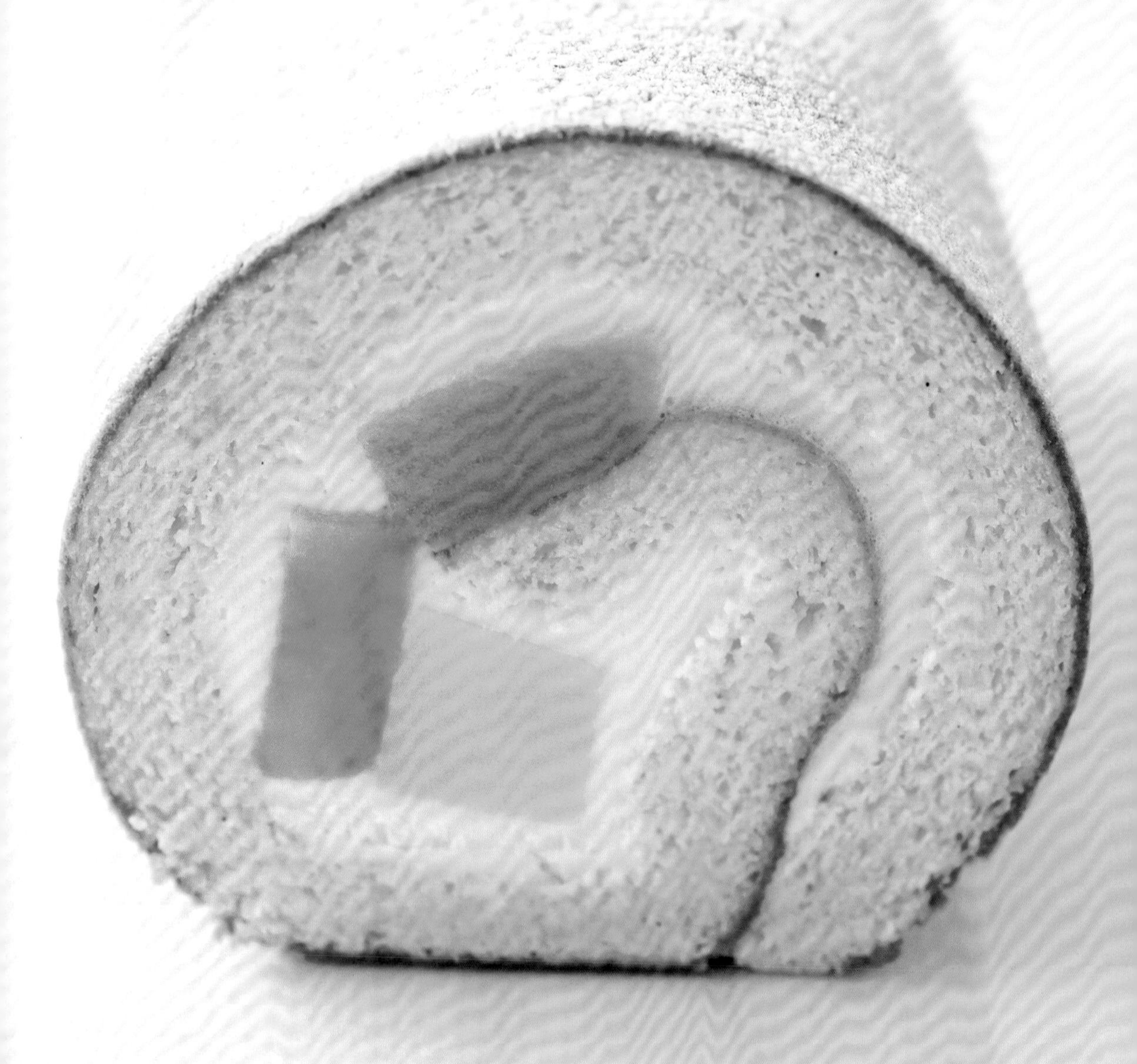

不用奶油改以植物性油脂做海綿蛋糕體的好處是，不會蓋住蛋糕本身或內餡搭配素材的香氣與風味，有引出食材味道的效果。如果是原味蛋糕，能直接表現出奶油或內餡的味道。另外，若蛋糕本身加了抹茶等口味也能忠實地呈現出來。活用這些優點，用烤盤烘烤蛋糕做成蛋糕捲。

Rouleau au Matcha

抹茶蛋糕捲

熱帶風味蛋糕捲　椰子油 50% ＋太白胡麻油 50%

用椰子油做出具熱帶風味的海綿蛋糕體。只用椰子油製作的話味道會太強烈，以等比例的太白胡麻油來調和。也很適合和草莓等莓果或柑橘類做搭配。

材料　16cm 長 4 條份

- 海綿蛋糕體→ P21　全量
  - 不過要將太白胡麻油 120g 改成〔椰子油 60g ＋太白胡麻油 60g〕
- 椰子奶油餡
  - 發泡鮮奶油　600g → P92（乳脂肪含量 42% 的鮮奶油）
  - 椰奶　100g
  - 椰子酒　少許
  - 香草精　少許
- 芒果酒　適量
- 芒果　適量（愛文芒果、金煌芒果、青芒果）
- 糖粉　適量

事先準備
・在烤盤上鋪紙。

1 和 P21「海綿蛋糕體」做法 1 ～ 6 一樣。將麵糊倒入烤盤中輕輕抹平，放入 200℃的烤箱中烤約 10 分鐘。烤好後立刻從烤盤移出放涼。對半分切（30cm x 40cm）。
2 將發泡鮮奶油打至 8 分發泡的程度，加入椰奶、椰子酒和香草精混拌均勻。
3 將 1 的蛋糕烤面朝上橫放在紙上，刷上芒果酒。在蛋糕上均勻塗滿 2 的椰子鮮奶油餡。把切成 2cm 丁狀的芒果自面前 3cm 處排成 3 列。從靠近身體這端開始往前捲起。
4 放入冰箱定型後，切掉兩側，分切成 2 等分。撒上糖粉即可。

抹茶蛋糕捲　太白胡麻油

用太白胡麻油製作的原味海綿蛋糕來變化口味，比奶油烤出的蛋糕更能充分展現出香氣。也很推薦伯爵茶等紅茶、普洱等中國茶及蕎麥茶等口味。

材料　16cm 長 4 條份

- 海綿蛋糕體→ P21　全量
  - 抹茶　20g
  - 細砂糖　20g
  - 牛奶　40g
- 發泡鮮奶油→ P92　600g
  - 伏特加　少許
  - 香草精　少許
- 伏特加　適量
- 糖漬栗子、帶皮糖煮栗子　各適量
- 大納言紅豆　適量
- 糖粉　適量

事先準備
・在烤盤上鋪紙。

1 和 P21「海綿蛋糕體」做法 1 ～ 6 一樣（不過，要把抹茶、細砂糖和牛奶混拌均勻做成抹茶醬。再倒入做好的 1 中攪拌均勻）。將麵糊倒入烤盤中輕輕抹平，放入 200℃的烤箱中烤約 10 分鐘。烤好後立刻從烤盤移出放涼。對半分切（30cm x 40cm）。
2 將發泡鮮奶油打至 8 分發泡的程度，倒入伏特加和香草精。
3 將 1 的蛋糕烤面朝上橫放在紙上，刷上伏特加。在蛋糕上均勻塗滿 2。
4 自面前 3cm 處將糖漬栗子和帶皮糖煮栗子各排成 1 列。在空位處放上大納言紅豆。從靠近身體這端開始往前捲起。
5 放入冰箱定型後，切掉兩側，分切成 3 等分。撒上糖粉即可。

point 完成的蛋糕體烤色比用奶油做的還白，讓抹茶等色澤顯得更加鮮明。

point 在原味海綿蛋糕中加入茶葉等時，考量到茶葉會吸收麵糊的水分，必須增加食譜中牛奶或太白胡麻油的用量以保持濕潤。

Rouleau Tropical
&
Rouleau au Matcha

Bûche de Noël

聖誕樹幹蛋糕

# 聖誕樹幹蛋糕	奶油 50% ＋榛果油 25% ＋太白胡麻油 25%

作為聖誕蛋糕，捲包起味道豐厚的榛果法式奶油霜。為了搭配其濃郁風味，海綿蛋糕體的配方也以奶油為基底，配上榛果油和太白胡麻油。榛果油即便在烘烤後也不會散發出強烈香氣，透過使用多種油脂以增加味道的層次感產生深奧風味。

材料　16cm 長 4 條份

海綿蛋糕體→ P21　全量
　不過要將太白胡麻油 120g 改成
　〔無鹽奶油 60g ＋榛果油 30g ＋太白胡麻油 30g〕
榛果奶油餡
　法式奶油霜→ P93　800g
　卡士達醬→ P35　600g
　榛果醬　200g
　榛果油　30g
　白蘭地　30g
天津甘栗　200g
帶皮糖煮栗子　100g
白蘭地　適量
表面裝飾
　糖烤杏仁粒→ P93　適量
　糖漬栗子　5 個
　糖粉　適量
　巧克力片→ P93〈A〉　2 片
　珍珠糖粉（金色）　適量

事先準備
・在烤盤上鋪紙。

1 和 P21「海綿蛋糕體」做法 **1**～**6** 一樣。

2 將麵糊倒入烤盤中輕輕抹平，放入 200℃的烤箱中烤約 10 分鐘。烤好後立刻從烤盤移出放涼。對半分切（30cm x 40cm）。

3 製作榛果奶油餡。將放在室溫回軟的法式奶油霜攪拌至滑順，依序加入卡士達醬、榛果醬、榛果油〔a〕和白蘭地攪拌均勻。

point 在法式奶油霜中加入少許榛果油。把堅果類油脂當成香精油來使用，可以延長香氣餘韻。

4 將 **2** 的蛋糕烤面朝上橫放在紙上，蛋糕上均勻塗滿 **3**。

5 自面前平均擺上 2 排切碎的天津甘栗，和 1 排帶皮糖煮栗子〔b〕。從靠近身體這端開始往前捲起。

6 將白蘭地輕刷於蛋糕上，表面塗滿 **3**，做成樹幹的模樣。

7 下方側邊黏上糖烤杏仁粒，上面擺上糖漬栗子，放上聖誕飾品。兩端貼上巧克力片，撒上珍珠糖粉即可。

a

b

Chou à la Crème
奶油泡芙

基礎泡芙外皮

奶油 50% ＋太白胡麻油 50%

泡芙是油質含量多的麵糊。泡芙外皮中油脂的功能是抑制麵粉產生麩質以便使口感輕盈，及降低澱粉的黏性增加麵糊的延展性，增添原材料奶油的濃郁風味。在這份食譜中，將一半的奶油用量換成太白胡麻油，再將一半的水量改成牛奶以補足原有的乳香風味。烤好後的泡芙外皮和使用全奶油製作的幾乎相同。希望泡芙外皮的風味更加豐富時，可以在烘焙前撒些杏仁片或杏仁角來增加香氣補足風味。

材料　泡芙 20 個份（或是閃電泡芙 16 根份）

牛奶	110g
水	110g
無鹽奶油	50g
太白胡麻油	50g
細砂糖	5g
鹽	5g
低筋麵粉	120g
雞蛋	約 190g

1. 把牛奶、水、奶油、太白胡麻油、細砂糖和鹽倒入鍋中煮沸〔a〕。
2. 關火加入低筋麵粉，迅速攪拌〔b〕。再次開火加熱，攪拌到鍋底有層薄膜為止〔c〕。
3. 立刻將麵糊倒進攪拌盆中（裝好電動打蛋器），分 3 次加入雞蛋攪拌均勻〔d〕。調整雞蛋的份量，舀起麵糊時呈現倒三角形垂下的狀態即可〔e〕。
4. 在烤盤上擠出直徑 5cm 的圓球，上方用叉子輕壓出格子狀。
5. 在麵糊表面噴些水，放入上火 150℃／下火 200℃的烤箱中烤 35 分鐘，再把上下火調整為 170℃烤 10 分鐘。接著再以上火 190℃烤約 5 分鐘上色。

point 用植物性油脂製作泡芙外皮時，烘烤過程為其中一項重點。藉由充分烤透，可以呈現出和 100% 奶油做出的泡芙外皮相同的烤色及酥脆口感。

point 也可以不加奶油完全使用太白胡麻油來製作。這時要特別留意烘烤過程，如果沒有烤透，有些表面容易呈現出濕潤感，所以最好重新調整配方，如增加少許麵粉等。

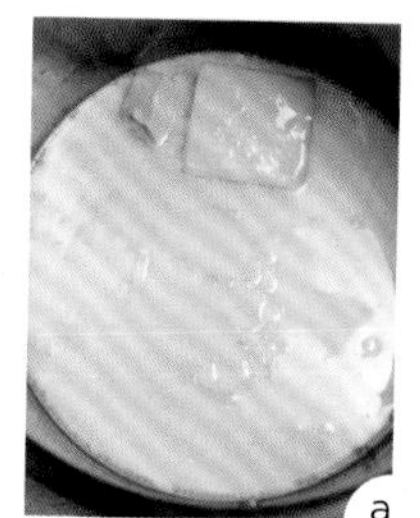
a

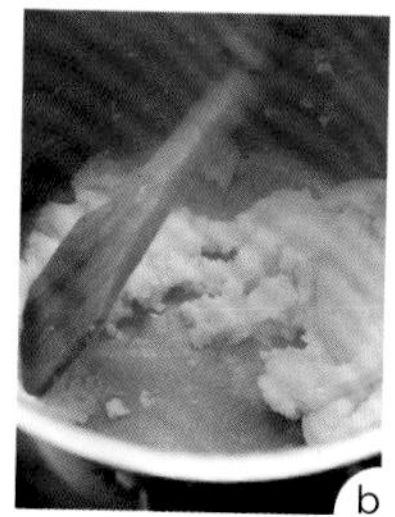
b

c

d

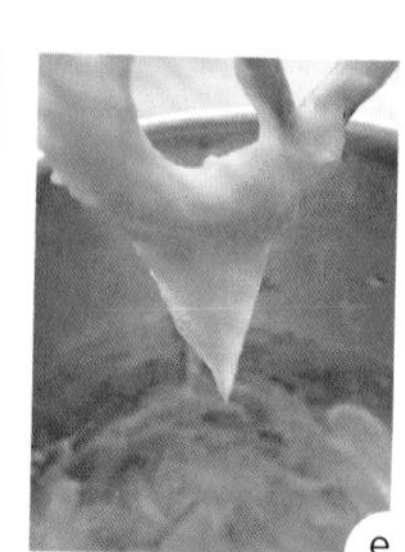
e

奶油泡芙

奶油 50% ＋太白胡麻油 50%

奶油內餡用卡士達醬和鮮奶油調配出質地輕盈的卡士達鮮奶油餡。並配合使用不加奶油的卡士達醬。

材料　20 個份
泡芙外皮→ P33　20 個
卡士達鮮奶油餡→ P92　400g
糖粉　適量

1 和 P33「泡芙外皮」做法 1 ～ 5 一樣。放涼後，上下切開。
2 擠入卡士達鮮奶油餡，再蓋回上面的泡芙外皮。撒上糖粉即可。

焦糖泡芙

奶油 50% ＋太白胡麻油 50%

奶油泡芙的變化款，塗上焦糖的品項。焦糖的微苦味和脆硬口感有畫龍點睛的效果，就算泡芙外皮口味偏淡，也能呈現出法式甜點的風味。

材料　20 個份
泡芙外皮→ P33　20 個
杏仁片　適量
卡士達鮮奶油餡→ P92　400g
焦糖
細砂糖　100g
水麥芽　30g
水　30g

1 和 P33「泡芙外皮」做法 1 ～ 5 一樣（不過，烘烤前在麵糊中撒上杏仁片）。
2 從 1 的底部擠入卡士達鮮奶油餡。
3 把焦糖的材料加熱至 160℃。
4 將 2 的上半部浸在 3 裡，再倒放於相同大小的矽膠模型中凝固。

米泡芙外皮

太白胡麻油

材料　20 個份
鮮奶油　110g
水　110g
太白胡麻油　83g
細砂糖　5g
鹽　5g
米穀粉　120g
雞蛋　約 215g

做法和 P33「泡芙外皮」一樣。米穀粉感覺上質地清爽，所以不加奶油改用 100% 的太白胡麻油製作。

當然用米糠油也可以。牛奶改用鮮奶油以增添濃郁度，相對地也要減少油脂用量。和普通的泡芙外皮相比，麵團在攪拌時會比較硬，可以增加些雞蛋的份量。

1 和 P33「泡芙外皮」做法 1 ～ 5 一樣。

卡士達醬 | 太白胡麻油

為了做出卡士達醬的濃郁度與光澤感，會加入奶油潤飾，不過這部分的奶油也可以改成太白胡麻油。並搭配鮮奶油以補足原本的乳香味。因為整體的脂肪含量增加，煮好放涼後，香濃滑順的風味與質地就像是奶油慕斯（Crème Mousseline）。

材料　約 580g 份

- 蛋黃　72g
- 細砂糖　36g
- 卡士達粉　30g
- 牛奶　240g
- 鮮奶油　180g
- 香草籽　少許
- 太白胡麻油　24g
- 香草油　6g

1 蛋黃加細砂糖和卡士達粉攪拌到泛白起泡。
2 在鍋中倒入牛奶、鮮奶油和香草籽煮沸。
3 把 2 倒入 1 中攪拌，過濾後再倒回鍋中加熱〔a〕。一邊不停地攪拌，一邊煮至濃稠〔b〕。
4 加入太白胡麻油〔c〕和香草油攪拌，充分混合均勻後關火。

point 剛加入太白胡麻油時，會有一些油水分離的狀態〔d〕，不過一經攪拌馬上就融合了〔e〕。

5 用保鮮膜包緊，急速冷卻。

a

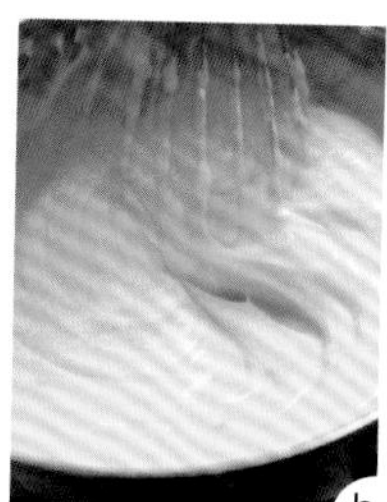
b

c

d

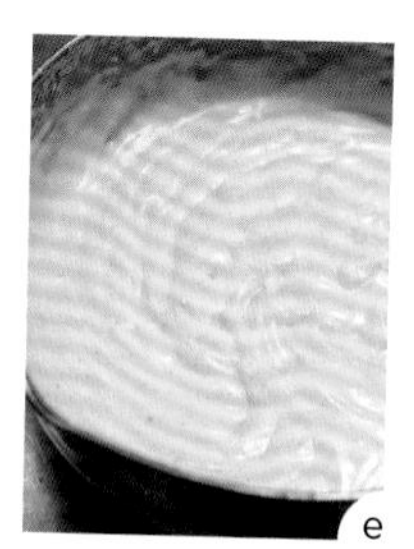
e

泡芙外皮的應用

奶油和太白胡麻油比例相同的萬用泡芙皮

- 奶油 50% ＋太白胡麻油 50% 的泡芙外皮 → ［擠成球狀］…… 奶油泡芙、焦糖泡芙 → P34
- 太白胡麻油的泡芙外皮 → ［米穀粉・擠成球狀］…… 米泡芙外皮 → P34
- 奶油 50% ＋太白胡麻油 50% 的泡芙外皮 → ［擠成長條狀］…… 閃電泡芙 → P36
- 奶油 50% ＋太白胡麻油 50% 的泡芙外皮 → ［擠成小球狀］…… 巧克力泡芙塔 → P38

Éclair à la Fraise
草莓閃電泡芙

草莓閃電泡芙

奶油 50% ＋太白胡麻油 50%

這款閃電泡芙的內餡是草莓卡士達醬加草莓果粒，再以翻糖裝飾。雖然外觀做成跟傳統的閃電泡芙一樣，但內餡的卡士達醬並沒有用奶油做，以此為優點，做出新鮮草莓的清新風味與入口即化的口感。因為添加於內餡的太白胡麻油無味無香，完整展現出草莓醬的風味與酒的香氣。

材料　10 根分
泡芙外皮→ P33　10 根
草莓卡士達醬
蛋黃　72g
細砂糖　30g
卡士達粉　30g
鮮奶油　180g
牛奶　60g
草莓醬　150g
草莓酒　30g
紅色食用色素　少許
太白胡麻油　24g
草莓　適量
翻糖　適量
香草粉→ P93　適量
珍珠糖粉（金色）　隨意

1 和 P33「泡芙外皮」做法 **1**～**3** 一樣，用口徑 10mm 的圓形擠花嘴在烤盤上擠出長 10cm 的條狀麵糊。以叉子在上面輕壓出條紋。放入上．下火 180℃的烤箱中烤 20 分鐘，再用上火 190℃烤約 5 分鐘〔a〕。

2 製作草莓卡士達醬。將蛋黃、細砂糖和卡士達粉攪拌到泛白起泡。在鍋中倒入鮮奶油、牛奶和草莓醬煮沸，加入剛才的蛋黃裡攪拌均勻，過濾後再倒回鍋中。草莓酒和紅色食用色素溶解後倒入，煮至濃稠。最後加入太白胡麻油攪拌均勻並關火〔b〕。用保鮮膜包緊急速冷卻。

3 在 **1** 的下方切個小開口，放入切成 1cm 丁狀的草莓，並擠入 **2**。

4 加熱翻糖，將 **3** 的上方沾滿翻糖放至凝固。撒上香草粉及珍珠糖粉即可。

a

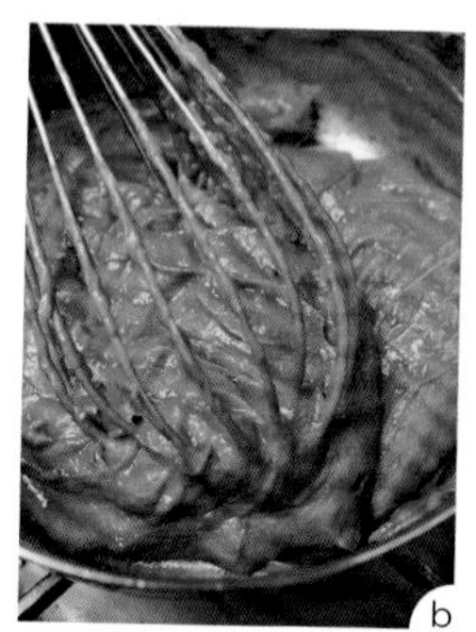
b

Profiterlie
巧克力泡芙塔

巧克力泡芙塔

奶油 50% ＋太白胡麻油 50%

這款巧克力泡芙塔有 4 個部分使用太白胡麻油製作，分別是泡芙外皮、卡士達醬、鋪在底部的餅乾底和鏡面巧克力醬。法式甜點是由好幾個配料組合而成，每個配料都不是獨立的口味，有互補、也有互爭高下者。從這個最佳範例可以清楚了解只要仔細計算好平衡點，儘管這些配料中有不加奶油者，也能用其他部分補足。

材料　8 個份

泡芙外皮→ P33　半量
卡士達鮮奶油→ P92　100g
餅乾底→ P41　直徑 5cm 8 片
鏡面巧克力醬
　中性果膠　210g
　水　140g
　轉化糖（Trimoline）　25g
　鮮奶油　10g
　細砂糖　125g
　可可粉　40g
　吉利丁片　10g
　黑巧克力（可可含量 70%）　35g
　太白胡麻油　25g
發泡鮮奶油→ P92　適量
杏仁片　適量
巧克力片→ P93〈A〉　隨意
珍珠糖粉（金色）　隨意

1 和 P33「泡芙外皮」做法 **1**～**4** 一樣（不過，擠成 32 個直徑 2.5cm 的球狀），表面噴些水，放入上・下火 180℃的烤箱中烤 20 分鐘，再以上火 190℃／下火 150℃烤約 5 分鐘。

2 餅乾底的做法和 P41「香脆塔皮麵團」**1**～**5** 一樣，擀成厚度 3mm 的麵皮後戳出小孔，用直徑 5cm 的圓形壓模切成 8 片。放入 160℃的烤箱中烤約 15 分鐘。

3 從 **1** 的外皮底部擠入卡士達鮮奶油。

4. 製作鏡面巧克力醬。把果膠、水、轉化糖和鮮奶油放入鍋中煮沸。細砂糖加可可粉混合均勻，倒入少許煮沸過的果膠攪拌均勻後，倒回果膠鍋中拌勻。再次煮沸後關火，加入泡軟的吉利丁片溶解。巧克力隔水加熱融化後，倒入太白胡麻油混合均勻，再加入果膠攪拌。用攪拌棒攪拌後過濾。

point 鏡面巧克力醬一般是用沙拉油做出光澤感，不過就高品質油脂而言這邊使用太白胡麻油。

5 在 **3** 的小泡芙上方沾滿 **4**，擦乾流下的巧克力醬，待其凝固〔a〕。

6 把 **2** 的餅乾底放在盛盤上，中間擠上少許卡士達鮮奶油〔b〕。周圍擺上 3 個 **5** 的泡芙〔c〕。

7 將打到 8 分發泡程度的鮮奶油用星形擠花嘴擠在泡芙之間，再放上 1 個 **5** 的泡芙。撒上杏仁片，用巧克力片裝飾，撒上珍珠糖粉即可。

a

b

c

d

Pâte sablée
香脆塔皮

基本香脆塔皮麵團

奶油 75% ＋太白胡麻油 25%

這款香脆塔皮麵團把奶油和太白胡麻油加在一起使用，再搭配玉米澱粉製作而成。質地細緻，吃起來的口感也很鬆脆俐落。味道上既有奶油的風味，也帶點輕盈。烤好後靜置幾天，更能融合奶油和太白胡麻油雙方的美味，取得協調。不僅可以當作塔皮，也可以做為小西點的餅乾底，或是直接做成餅乾。

材料　麵團約 630g 份

無鹽奶油　165g
細砂糖　95g
鹽 4g
太白胡麻油　53g
蛋黃　8g
低筋麵粉　250g
玉米澱粉　52g
香草粉　1 小撮

事先準備

・奶油放於室溫回軟備用，到手指可以用力壓出指印的程度即可。

1 把奶油、細砂糖和鹽放入攪拌盆中（裝好電動打蛋器）攪打至混合均匀〔a・b〕。冬天室溫較低，奶油比較硬不好拌匀時，可以用瓦斯噴槍加熱攪拌盆數秒以調整軟硬度。

2 分數次加入太白胡麻油攪拌至完全融入為止〔c・d〕。

point 因奶油的溫度會使太白胡麻油有分離的現象，先將奶油和細砂糖混合均匀後，再分數次加入比較不會失敗。

3 加入蛋黃混合攪拌〔e〕。

4 倒入全部的粉類攪拌〔f〕。只要拌匀即可〔g〕，不要過度攪拌。

5 整型成一塊，用保鮮膜包好〔h〕，放入冰箱靜置一晚。

6 依用途擀開麵團使用（可以撒些手粉）。

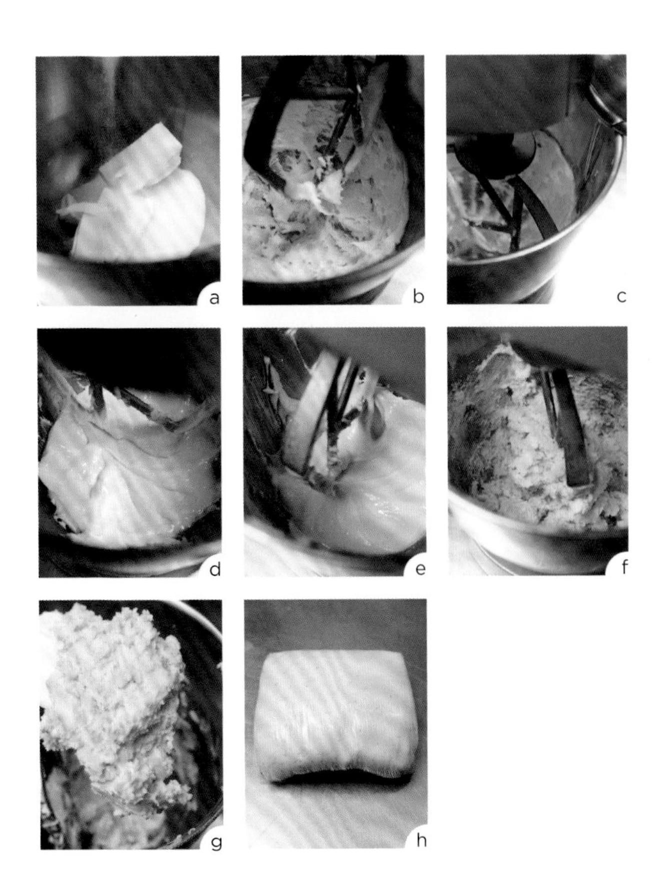

烤來當餅乾底的香脆塔皮。用於 P38 的「巧克力泡芙塔」。

Tarte aux Fraises
草莓塔

草莓塔

奶油 75% ＋太白胡麻油 25%

把杏仁奶油餡擠在塔皮上烘烤後，放上新鮮草莓製作而成。奶油和太白胡麻油搭配而成的塔皮麵團口感輕盈，和質地濃稠的杏仁奶油餡，形成的口感落差具畫龍點睛的效果。

材料　直徑 6.5cm x 高 1.6cm 的小塔模 7 個份
香脆塔皮麵團→ P41　280g
杏仁奶油餡→ P92　175g
冷凍野莓　28 顆
糖粉　適量
草莓淋醬　適量
卡士達鮮奶油→ P92　400g
草莓　21 個
發泡鮮奶油　適量
巧克力片→ P93（B）　隨意
珍珠糖粉（紅色）　隨意
食用花卉（蝴蝶蘭）　隨意

1 和 P41「香脆塔皮麵團」做法 **1**～**5** 一樣。

2 把 **1** 的麵團擀成厚度 3mm 的麵皮，戳出小孔。

3 用圓形壓模切成圓形，鋪在小塔模上貼緊〔a．b〕。切掉多餘的麵皮〔c〕。

4 在每個塔皮上擠入 25g 的杏仁奶油餡〔d〕，冷凍野莓不須解凍各放 4 顆到杏仁奶油餡中〔e〕。

5 放入 170℃的烤箱中烤 15 ～ 20 分鐘〔f〕。烤好後取出放涼。

6 在塔皮上撒上糖粉。草莓淋醬加熱，輕塗一層於杏仁奶油餡上。

7 在 **6** 的中央擠上厚厚一圈的卡士達鮮奶油。

8 草莓對半直切，在鮮奶油周圍排放 6 片。並將加熱過的草莓淋醬塗在草莓上。

9 用花形擠花嘴擠上打至 8 分發泡的鮮奶油。放上巧克力片做裝飾，撒上珍珠糖粉，再擺上花瓣即可。

Tarte au Kaki

甜柿塔

甜柿塔

奶油 75% ＋太白胡麻油 25%

香脆塔皮麵團的變化款，加上綜合香辛料做成具異國風味的甜點塔。比起用 100% 奶油做的常見塔皮，更能彰顯出香辛料的爽利香氣。水果除了甜柿以外，和梨子、甜桃、葡萄等也很對味。

材料　直徑 6.5cm x 高 1.6cm 的小塔模 7 個份

香脆塔皮麵團→ P41　280g
綜合香辛料　5g
杏仁奶油餡　175g
黑色無花果醬　175g
糖粉　適量
卡士達鮮奶油→ P92　200g
甜柿　適量
中性果膠　適量
紅糖　少許
黑胡椒　少許
辣椒絲　隨意

・綜合香辛料使用以肉桂為基底，加上白豆蔻、肉豆蔻、八角、薑和丁香的綜合粉狀製品。

1 和 P41「香脆塔皮麵團」做法 **1**～**5** 一樣（不過，綜合香辛料事先和粉類混合過篩備用）。

2 把 **1** 的麵團擀成厚度 3mm 的麵皮〔a〕，戳出小孔。

3 用圓形壓模切成圓形，鋪在小塔模上。切掉多餘的麵皮。

4 擠入 25g 的杏仁奶油餡，每一個中間再擠入 25g 的黑色無花果醬〔b〕。

5 放入 170℃的烤箱中烤約 25 分鐘。烤好後取出放涼。

6 在塔皮上撒上糖粉。

7 在 **6** 的中央擠上厚厚一圈的卡士達鮮奶油。

8 甜柿去皮，切成 1.5cm 丁狀。放上 6～8 塊蓋住鮮奶油。

9 把中性果膠塗在甜柿上。撒上紅糖、磨些黑胡椒。擺上辣椒絲即可。

point 如果柿子已熟透就直接使用。若是還有點硬不夠甜，就把紅糖撒在切塊的柿子上，用瓦斯噴槍在表面加熱形成香甜的焦糖。

a

b

Sablé au Noix de Coco
椰子酥餅

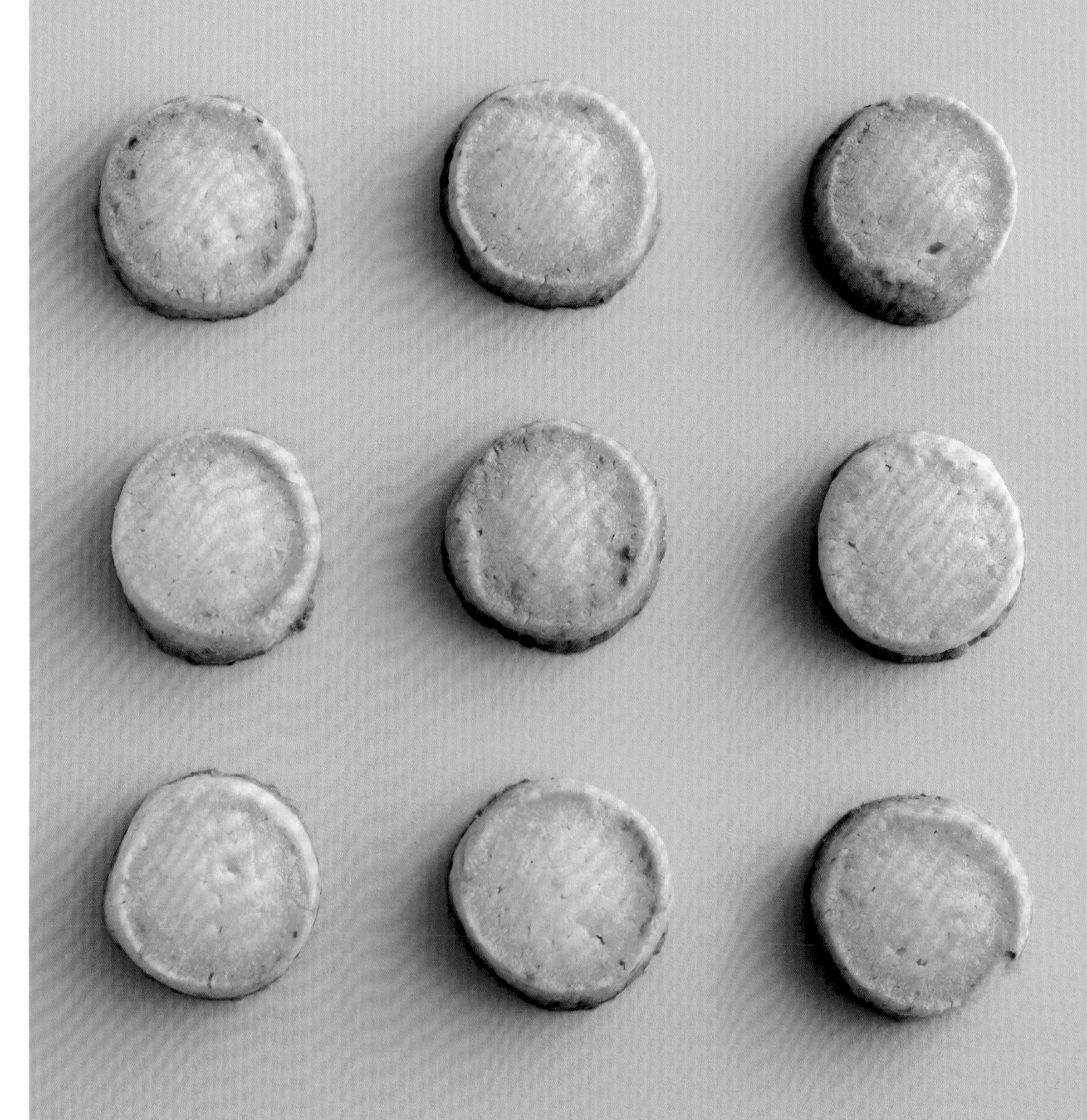

椰子酥餅

奶油 50% ＋椰子油 50%

將香脆塔皮麵團加上椰子油變化而成的點心。因為椰子油在室溫 25℃以下不是液體而是凝固的乳霜狀，和常見的奶油狀態相似，是很適合用來做酥餅麵團的油脂。烤好的酥餅具有溫潤的椰子風味，香氣高雅宜人。

材料　約 60 片份

椰子酥餅麵團
- 無鹽奶油　110g
- 細砂糖　95g
- 鹽　4g
- 椰子油　110g
- 蛋黃　8g
- 低筋麵粉　250g
- 玉米澱粉　52g
- 香草粉　1 小撮

1 和 P41「香脆塔皮麵團」做法 1～5 一樣（不過，將太白胡麻油換成椰子油）。
2 取出麵團放在工作台上，整型成直徑 3cm 的長條狀〔a〕。用保鮮膜包好，放入冰箱靜置一晚。
3 切成厚度 9mm。
4 排放在烤盤上，放入 160℃的烤箱中烤約 18 分鐘。

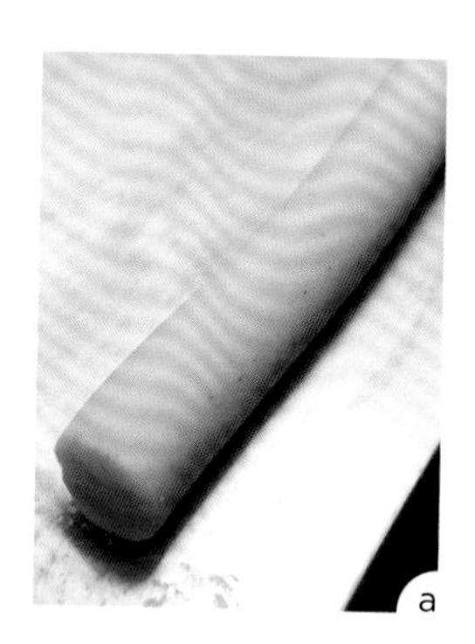
a

香脆塔皮麵團的應用

以奶油為基底配上其他油脂做變化

奶油 75% ＋ 太白胡麻油 25% 的香脆塔皮麵團
- → ［原味・鋪在小塔模上烘烤］…… 草莓塔 → P42
- ＋ 香辛料 → ［辛香味・鋪在小塔模上烘烤］…… 甜柿塔 → P44
- ＋ 巧克力豆 → ［巧克力豆・烤成直徑 3cm］…… 糖鑽巧克力餅乾 → P50

奶油 50% ＋椰子油 50% 的香脆塔皮麵團 → ［椰子口味・烤成直徑 3cm］…… 椰子酥餅 → P46

奶油 70% ＋白芝麻醬 22% ＋太白胡麻油 6% 的香脆塔皮麵團 → ［芝麻口味・烤成 2 × 4cm 方形］…… 芝麻酥餅 → P48

奶油 75% ＋橄欖油 25% 的香脆塔皮麵團 → ［用派盤烤］…… 法式野菇鹹派 → P52

Sablé au sésame
芝麻酥餅

芝麻酥餅

奶油 70% ＋白芝麻醬 22% ＋太白胡麻油 6%

這款是香脆塔皮麵團加芝麻醬的變化口味。芝麻醬的油脂含量高達 55% 左右，和椰子油相同，具有一定的硬度，好處是方便加入麵團拌勻。不過，因為是含有芝麻的植物纖維才具備這樣的硬度，所以會讓麵團的質地變得不夠滑順。烤好後散發出的香氣與其說是芝麻本身的味道，更讓人覺得是堅果的芳香味，而芝麻纖維則帶來酥鬆的口感。為了搭配餅乾風味，還加了烘焙麥麩皮。

材料　約 60 片份

芝麻酥餅麵團
- 無鹽奶油　165g
- 細砂糖　60g
- 鹽　4g
- 白芝麻醬　50g
- 太白胡麻油　15g
- 蛋黃　7g
- 低筋麵粉　230g
- 玉米澱粉　52g
- 烘焙麥麩皮　20g

蛋液
- 全蛋液　20g
- 蛋黃液　20g

白芝麻、黑芝麻　各適量

粗糖粒　適量

・麥麩皮→ P53

事先準備

・如果芝麻醬的纖維質和油分產生分離時，混合均勻後使用。也可以用電動攪拌棒攪拌。

1 和 P41「香脆塔皮麵團」做法 **1** 一樣。

2 分 2 次加入白芝麻醬攪拌均勻〔a〕。

3 倒入太白胡麻油攪拌均勻〔b・c〕。

point 為了做出酥鬆的輕盈口感也加了液體油脂的太白胡麻油。因為量很少可以一次全倒入。

4 和 P41「香脆塔皮麵團」做法 **3**～**5** 一樣〔d・e〕。

5 把麵團擀成厚度 8mm，切成 2cm x 4cm。

6 排放在烤盤上，塗上蛋液，撒上黑、白芝麻和粗糖粒。放入 160℃的烤箱中烤約 15 分鐘。

這塊芝麻酥餅麵團，也可以當成塔皮麵團來使用。淡淡的堅果香和杏仁奶油餡非常對味。

Diamant
糖鑽巧克力餅乾

糖鑽巧克力餅乾

奶油 75% ＋太白胡麻油 25%

加了奶油和太白胡麻油的香脆塔皮麵團，可以做成簡單的烤餅乾，用途相當廣泛。活用麵團的輕盈風味，並以巧克力豆點綴提味，完成這款糖鑽巧克力餅乾。

材料　約 60 片份

香脆塔皮麵團→ P41	630g
巧克力豆	100g
細砂糖	適量

1. 和 P41「香脆塔皮麵團」做法 **1** ～ **5** 一樣（不過，在麵粉還沒混拌均勻前，加入巧克力豆混合）。
2. 將麵團取出放在工作台上，整型成直徑 3cm 的長條狀。用保鮮膜包好，放入冰箱靜置一晚。
3. 餐巾紙用水沾濕，把麵團放在上面滾動後，全部撒滿細砂糖〔a〕。
4. 切成厚度 9mm〔b〕。
5. 排放在烤盤上〔c〕，放入 160℃的烤箱中烤約 18 分鐘。

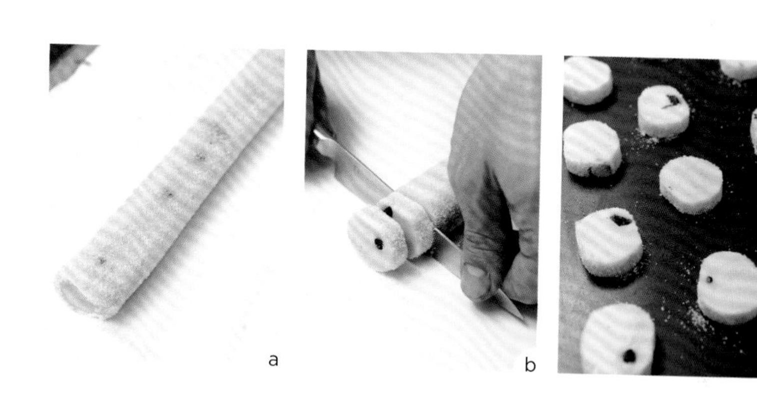

a　b　c

Quiche aux Champignons
法式野菇鹹派

法式野菇鹹派

奶油 75% ＋橄欖油 25%

活用香脆塔皮麵團，做成法式熟食品項中不可或缺的鹹派。派皮以奶油為基底，加入約佔整體油脂25% 的白松露風味橄欖油。松露的芳香味和雞蛋堪稱絕配，不過也可以使用一般橄欖油。

材料　直徑 18cm 的派盤 1 個份

派皮麵團
- 無鹽奶油　165g
- 細砂糖　40g
- 鹽　4g
- 橄欖油（白松露風味）　58g
- 蛋黃　7g
- 低筋麵粉　230g
- 玉米澱粉　52g
- 烘焙麥麩皮　20g

蛋液
- 全蛋液　20g
- 蛋黃液　20g

餡料
- 蘑菇　3 個
- 鴻禧菇　1 盒
- 舞菇　1 盒
- 香菇　3 朵
- 金針菇　1 盒
- 大蔥　1/2 根
- 西班牙臘腸　5 根
- 橄欖油　適量

蛋奶液
- 雞蛋　4 個
- 牛奶　200g
- 鮮奶油　100g
- 鹽　1g
- 黑胡椒　1g

帕瑪森起司　適量

紅椒粉、黑胡椒、鹽之花（Fleur de sel）　各適量

麥麩皮使用脫脂的小麥表皮（麩皮），磨成粉狀後烘焙而成的產品。具有麩皮的特殊香味所以加在鹹派用的派皮麵團中。也可以用份量相同的低筋麵粉代替。

事先準備

・派盤上先刷上一層薄薄的橄欖油（份量外）。

1. 和 P41「香脆塔皮麵團」做法 **1** ～ **5** 一樣（不過，將太麻胡麻油換成橄欖油）。把麵團擀成厚度 3mm 的麵皮，鋪在派盤上。
2. 麵皮上鋪紙，擺上大量的烘焙重石，放入 160℃的烤箱中烤約 20 分鐘。一從烤箱取出後，隨即塗上蛋液，再放回烤箱中 1、2 分鐘烤乾蛋液。
3. 將餡料的菇類切成易入口大小。大蔥切成 3cm 長後切絲。西班牙臘腸切成 5mm 厚。用橄欖油炒過這些餡料後，放涼備用。
4. 蛋奶液的材料混合均勻後，加入 **3**。
5. 把 **4** 放在烤好的 **2** 上。撒上帕馬森起司。
6. 放入上火 160℃／下火 100℃的烤箱中烤約 30 分鐘。
7. 烤好後撒上紅椒粉、黑胡椒和鹽之花即可。

Cake à le Bankan

晚柑磅蛋糕

晚柑磅蛋糕

奶油 50% ＋太白胡麻油 50%

半熟菓子（demi sec）（註：烤至半熟狀態的甜點。特色是口感濕潤）烤好後再放幾日會更佳好吃。這會讓各式素材間的融合度更好，質地一致口感均勻，醞釀出獨特的美味，不過在這過程中，油脂扮演的角色相當重要。正因為如此，若要減少奶油的用量，就必須補上高品質的油品。這款磅蛋糕以杏仁粉增加麵糊的濃郁度，藉此填補不足的奶油風味。加了太白胡麻油的麵糊，更能突顯出晚柑等柑橘類的芳香味。

材料　上方 5.5cm x 18cm，底部 4.5cm x 17cm，高度 4cm 的磅蛋糕模 4 個份

雞蛋　215g
杏仁粉　210g
糖粉　145g
┌ 低筋麵粉　20g
│ 玉米澱粉　45g
└ 泡打粉　4g
無鹽奶油　75g
太白胡麻油　75g
橙酒（君度橙酒）　20g
┌ 糖漬晚柑皮（細絲狀）　250g
└ 橙酒　少許
檸檬皮絲　適量
糖霜淋醬
　糖粉　96g
　海藻糖　10g
　水　18g
　橙酒　3g
柚子皮絲、金箔　隨意

事先準備

・糖漬晚柑皮切碎，用橙酒浸泡，和少許粉類混合均勻備用。
・在烤模上鋪紙。

1 把雞蛋、杏仁粉和糖粉放入攪拌盆（裝好電動打蛋器）中攪拌〔a〕，混合均勻後以高速打發至泛白起泡。

2 加入粉類攪拌〔b〕。

3 奶油融化後加入太白胡麻油〔c〕，倒入 **2** 中攪拌〔d〕。並加入橙酒。

4 加入糖漬晚柑皮和檸檬皮絲混合均勻〔e〕。

5 每個烤模各倒入 260g 的麵糊〔f〕。放入 170℃的烤箱中烤約 30 分鐘〔g〕。

6 將糖霜淋醬的材料混合均勻。使用時隔水加熱調整至適當濃度，倒入擠花袋中。

7 **5** 放涼後，撕開紙，倒扣在下方放有鋼盤的烤網上。用擠花袋淋上 **6**〔h〕，立刻用抹刀抹勻並除去多餘的糖霜〔i〕。以柚子皮絲和金箔裝飾即可。

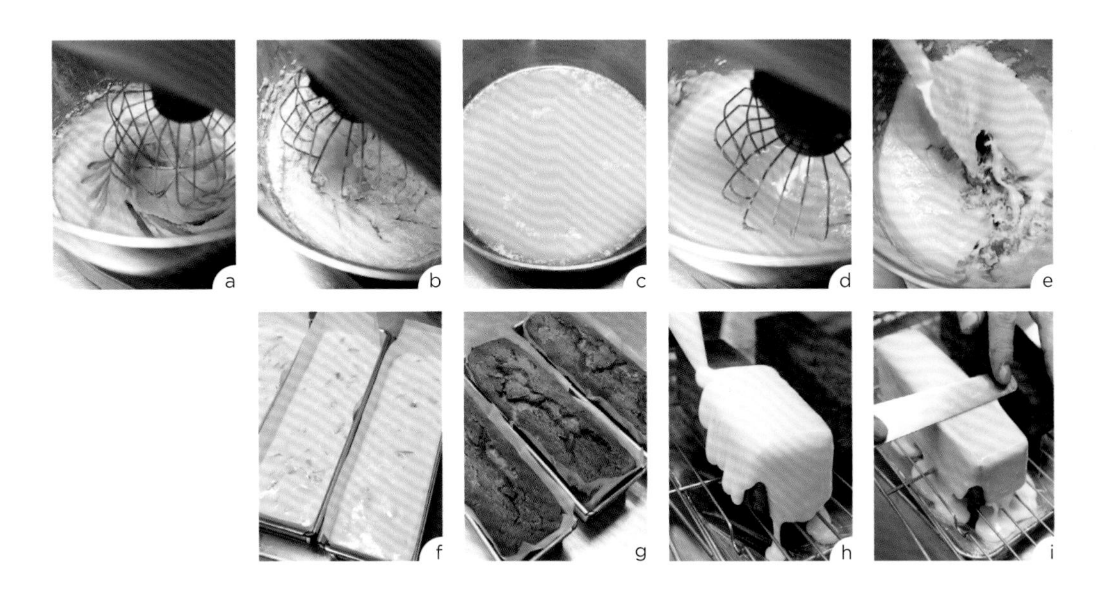

Gâteau Tigré
虎斑甜甜圈蛋糕

虎斑甜甜圈蛋糕	太白胡麻油

這款法式燒菓子在麵糊中加入巧克力豆一起烘烤，巧克力融化後形成老虎的斑點模樣，因此稱作虎斑甜甜圈。在原始食譜中大多依照費南雪的方式，但這裡將配方和做法改成類似瑪德蓮，做成「烤甜甜圈」的形式。雖然沒有奶油風味，質地清爽，不過仍以紅糖增加濃郁度，同時希望保有輕盈口感。也很推薦變化款的香橙口味和巧克力口味→ P58。

材料　直徑 7cm 的甜甜圈模 25 個份

雞蛋　144g
蛋黃　20g
細砂糖　142g
紅糖　20g
海藻糖　18g
香草粉→ P93　少許
鹽（鹽之花）　1 小撮
蜂蜜　24g
鮮奶油　40g
低筋麵粉　152g
泡打粉　2g
太白胡麻油　158g
香草油　少許
黑巧克力　41g
甘納許
黑巧克力（可可含量 56%）　150g
鮮奶油　120g
太白胡麻油　20g
白蘭地　10g

事先準備
・在烤模上抹油（份量外）備用。

1 將雞蛋、蛋黃、細砂糖、紅糖和海藻糖攪拌到泛白起泡〔a〕，加入香草粉、鹽、蜂蜜和鮮奶油混合均勻〔b〕。
2 倒入所有粉類混拌均勻〔c〕。
3 加入太白胡麻油攪拌〔d〕，再倒入香草油。
point 加入太白胡麻油時，會有點油水分離的狀態〔e〕，不過一經攪拌就會立刻均勻融合〔f〕。
4 加入切碎的巧克力攪拌〔g〕。
5 每個烤模各倒入 40g 的麵糊〔h〕。放入 180℃的烤箱中烤約 9 分鐘〔i〕。
6 製作甘納許。鮮奶油倒入鍋中煮沸，加入所有的巧克力。靜置不動等巧克力遇熱表面軟化後，攪拌中間使其乳化。分 2 次倒入太白胡麻油攪拌。加入白蘭地混勻，再用電動攪拌器攪打使其充分乳化。甘納許的製作重點可以參考 P76 →「覆盆子巧克力糖」。
7 待 5 放涼後，在中間擠入 6 的甘納許凝固。

a b c d e f g h i

香橙甜甜圈蛋糕　太白胡麻油

材料　直徑 7cm 的甜甜圈模 12 個份

甜甜圈麵糊→ P57　半量
　但是不加切碎的巧克力
- 糖漬橙皮　50g
- 橙酒（柑曼怡）　少許

柳橙皮絲　適量

1 和 P57「虎斑甜甜圈蛋糕」做法 1～3 一樣。
2 糖漬橙皮和橙酒拌勻後，加入 1 攪拌。並加入柳橙皮絲。
3 和「虎斑甜甜圈蛋糕」做法 5～7 一樣。

巧克力甜甜圈蛋糕　太白胡麻油

材料　直徑 7cm 的甜甜圈模 12 個份

甜甜圈麵糊→ P57　半量
　但是不加切碎的巧克力
黑巧克力（可可含量 56%）　150g
牛奶　30g

1 和 P57「虎斑甜甜圈蛋糕」做法 1～3 一樣。
2 在巧克力中加入煮沸的牛奶混合使其乳化，再用電動攪拌棒攪拌使其充分乳化。
3 將 2 將入 1 中攪拌。
4 和「虎斑甜甜圈蛋糕」做法 5～7 一樣。

瑪德蓮　太白胡麻油

其他還可以變化的有，在 P57「虎斑甜甜圈蛋糕」的麵糊（不加切碎的巧克力）中加入適量的柳橙皮絲或檸檬皮絲，倒入瑪德蓮烤模放入 200℃的烤箱中烤 7～8 分鐘。做出輕盈爽口的瑪德蓮。

Gâteau Tigré

Gâteau aux Carottes
紅蘿蔔蛋糕

紅蘿蔔蛋糕	葡萄籽油

紅蘿蔔蛋糕是美國常見的點心。雖然製作的食譜五花八門，但其特色都是使用紅蘿蔔泥和沙拉油（植物油）。這份食譜不用沙拉油，為了配合涼拌紅蘿蔔的形象，改用葡萄籽油。也可以用米糠油、太白胡麻油或是喜歡的堅果系油脂製作。

材料　直徑 6.5cm 的瑪芬紙杯 8 個份

- 紅蘿蔔　淨重 225g
- 生薑　淨重 2g

紅蘿蔔　50g
雞蛋　2 個
細砂糖　200g
鹽　3g

- 低筋麵粉　150g
- 泡打粉　12g
- 肉桂粉　4g

葡萄籽油　130g
核桃　60g
糖粉　適量

1 紅蘿蔔去皮，用電動攪拌棒或食物處理機等攪打成泥狀（或是磨成泥），濾乾水分後秤重〔a〕。生薑也去皮磨成泥。

2 另外 50g 的紅蘿蔔切成 7mm 小丁，用微波爐加熱後放涼備用。

3 在攪拌盆中放入雞蛋、細砂糖和鹽攪拌到泛白起泡〔b〕，再加入粉類混拌均勻〔c〕。

4 分 3 次倒入葡萄籽油攪拌〔d〕。

5 加入 **1** 攪拌〔e〕，再加入核桃和 **2**〔f〕。

6 在每個瑪芬杯中倒入 100g 的麵糊。放入 170℃的烤箱中烤約 35 分鐘。放涼後灑上糖粉。

a b c d e f

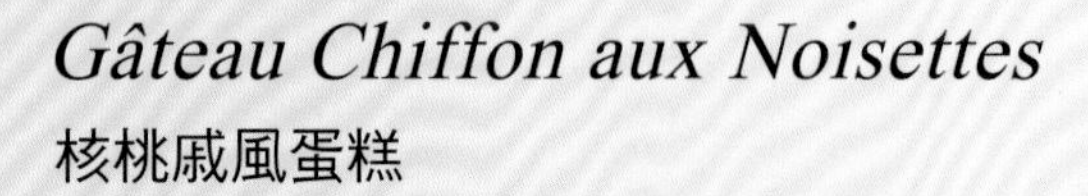

Gâteau Chiffon aux Noisettes
核桃戚風蛋糕

戚風蛋糕原本就是用液體性油脂來製作，但如果不用沙拉油，改用品質優良的嚴選油品就能提升產品價值。在這份食譜中為了增加核桃的風味，使用法國生產的核桃油。加了核桃油，雖然沒有明顯的核桃味，卻別有一番餘韻深邃的風味。配合麵糊中的素材或是完成後的口味，善加利用油品的話，就能拓展戚風蛋糕的表現領域。

核桃戚風蛋糕

核桃油 80% ＋太白胡麻油 20%

材料　直徑 10cm 的戚風蛋糕模 8 個份

蛋黃　88g
細砂糖　25g
核桃油　60g
太白胡麻油　15g
香草油　2g
水　75g
A ┌ 蛋白　225g
　│ 細砂糖　113g
　└ 鹽　0.5g
香草粉→ P93　1g
┌ 低筋麵粉　100g
└ 玉米澱粉　12g
┌ 核桃（切粗粒）　25g
└ 低筋麵粉　5g
焦糖
　細砂糖　130g
　鮮奶油　130g
焦糖核桃
　細砂糖　100g
　核桃　60g
發泡鮮奶油→ P92　2000g

事先準備

・在戚風蛋糕用的核桃上撒滿低筋麵粉
・核桃油和太白胡麻油混合均勻。

point 也可以全用核桃油來做，但加些太白胡麻油，蛋糕質地較為輕盈。

1 在攪拌盆（裝好電動打蛋器）中放入蛋黃和細砂糖，以高速打發。
2 攪拌到泛白後，分 4 次一邊倒入核桃油和太白胡麻油一邊攪拌均勻〔a〕。並加入香草油。
point 分次少量地加入油脂可以讓油脂充分乳化〔b〕。如果乳化不完全，稍後一倒入水，麵糊就會塌陷。
3 分次少量地加水攪拌〔c〕，約攪打 10 分鐘使其充分乳化〔d〕。
4 製作蛋白霜。另取一攪拌盆以高速打發 A。打成細緻而且角度挺立的蛋白霜〔e〕。
5 在 **4** 中加入 **3**，用橡皮刮刀俐落地混拌〔f〕，倒入香草粉。
6 分次少量地一邊加入粉類，一邊混拌〔g〕，並加入核桃〔h〕。
7 在每個烤模中倒入 90g 的麵糊〔i〕，放入 170℃的烤箱中烤約 30 分鐘。烤好後立刻將烤模倒扣放涼〔j〕。
8 製作焦糖。細砂糖加熱煮成焦糖，關火後立刻加入鮮奶油攪拌開。
9 製作焦糖核桃。細砂糖加熱至 160℃，關火加入核桃，用木匙攪拌至每顆核桃散開。一邊攪拌結晶糖一邊以中火加熱成焦糖狀。將核桃倒在矽膠墊上，分散放涼。切成粗粒。
10 用鋸齒刀將 7 上下對半切開。
11 在上層蛋糕的切口處薄薄地塗上一層打至 8 分發泡的鮮奶油，再抹上 **8** 的焦糖，放上約 8 顆 **9** 的焦糖核桃。在下層蛋糕的切口處薄薄塗上一層發泡鮮奶油後疊起。
12 在表面抹上發泡鮮奶油，包括中間內側。側面用 **8** 的焦糖畫上紋路塗成大理石紋。蛋糕上面各擠上一些發泡鮮奶油抹開，再塗上焦糖，擺上 **9** 的焦糖核桃裝飾即可。

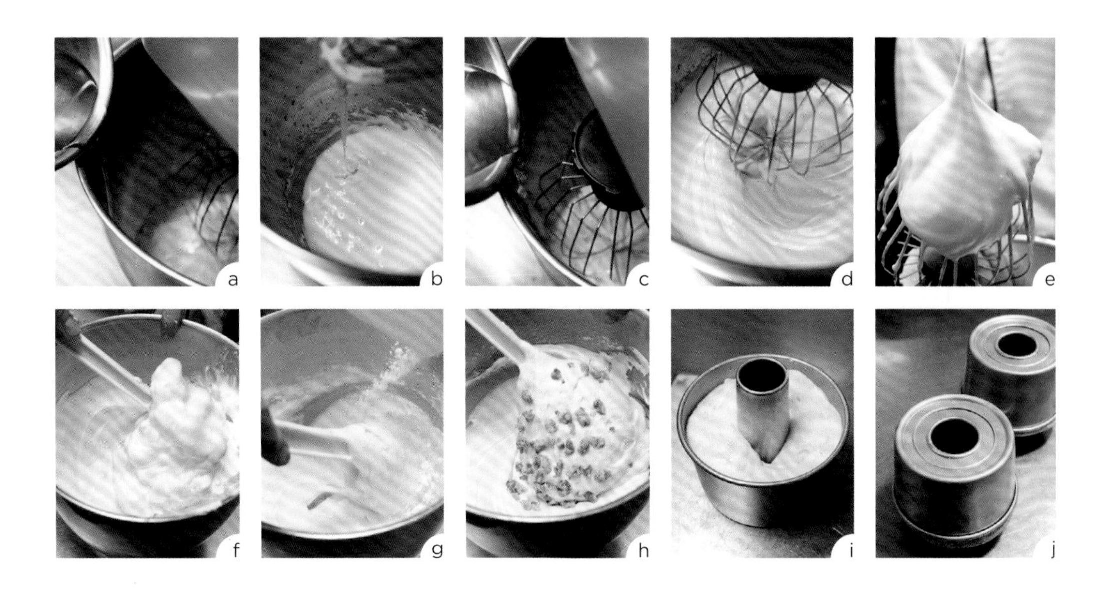

Gâteau Chiffon Salé aux Olives

法式橄欖鹹蛋糕

法式橄欖鹹蛋糕

橄欖油

這款鹹蛋糕是用橄欖油和青醬做成。微甜中帶著些許鹹味，可以當成甜點，也可以做成熟食單品擺在店內販售。橄欖油的香氣和味道五花八門，這款鹹蛋糕建議使用風味不太明顯的普通橄欖油。搭配沙拉、生火腿或馬斯卡彭起司，就成為輕食店的午餐菜色。

材料　直徑 10cm 的戚風蛋糕模 8 個份

蛋黃　88g
細砂糖　25g
橄欖油　75g
水　75g
青醬　45g
A
- 蛋白　225g
- 細砂糖　113g
- 鹽　0.5g

低筋麵粉　100g
黑橄欖（切細）　30g
沙拉、生火腿　隨意
馬斯卡彭起司　適量

・青醬使用市售產品（羅勒、帕馬森起司、大蒜、鹽、油）。

事先準備

・黑橄欖撒上少許低筋麵粉備用。

1 把蛋黃和細砂糖放入攪拌盆中（裝好電動打蛋器），以高速打發。
2 攪拌到泛白後，分 4 次一邊倒入橄欖油一邊攪拌使其乳化。
3 分次少量地加水攪拌，約攪打 10 分鐘使其充分乳化。並加入青醬攪拌。
4 另取一攪拌盆，以高速打發 A，製作蛋白霜。
5 在 **4** 中加入 **3**，用橡皮刮刀俐落地混拌。
6 分次少量地一邊加入粉類，一邊混拌，並加入黑橄欖混拌均勻。
7 在每個烤模中倒入 90g 的麵糊。放入 170℃的烤箱中烤約 30 分鐘。烤好後立刻倒扣放涼。
8 旁邊擺上沙拉、生火腿，並附上馬斯卡彭起司。

將生火腿和馬斯卡彭起司放在蛋糕上的另類吃法。馬斯卡彭起司也可以加入發泡鮮奶油，做成輕盈口感。

戚風蛋糕的應用

利用植物性油脂變化蛋糕口味

核桃油 80% ＋太白胡麻油 20% → [加入核桃] ······ 核桃戚風蛋糕 → P62

橄欖油 → [加入青醬、橄欖] ······ 法式橄欖鹹蛋糕 → P64

如果想變化成水果、咖啡、茶、巧克力或香草等口味時，用太白胡麻油或米糠油製作。

Pâte à Strudel
薄酥派皮麵團

Croustillant
酥脆質地

Pâte Filo
薄脆酥皮

薄酥派皮麵團　太白胡麻油

Croustillant 的意思是香酥鬆脆的嚼勁。雖說和派的口感很像，但派皮必須用大量的奶油製作。當我想到一旦奶油不夠，要怎麼做出這般口感的點心時，維也納甜點的薄酥派皮就浮現在腦海裡。搭配液體性油脂，揉出具彈性的麵團，適當地鬆弛筋度，拉開成薄片是薄酥派皮的特點。大部分的食譜是用沙拉油做薄酥派皮，不過從使用高品質油脂的立場而言，這裡選用太白胡麻油。

材料　麵團約 700g

- 高筋麵粉　200g
- 低筋麵粉　200g
- 鹽 10g
- 太白胡麻油　45g
- 蛋黃　20g
- 水　230g

1 把所有材料放入攪拌盆中（裝好麵團勾）混拌，整體混合均勻後以中速攪拌。

2 將麵團整體攪拌至均勻有彈性。取出放在工作台上，整成光滑的圓形〔a〕，用保鮮膜包好。放在常溫下靜置最少 30 分鐘，或是 5、6 個小時。

point 揉好的麵團，從側邊捏取一小塊撐開時要能不斷裂展開形成薄膜。靜置時間太長會讓延展性變差，以 5、6 個小時為標準。

3 先用擀麵棍在工作檯上盡量擀薄（之後可以撒些手粉）。

4 雙手手背在 **3** 的麵團下往上撐開，撐住麵團不動〔b〕。

point 用手輕輕握住麵團，不要讓手指戳破。使用手背是因為麵團比較不會被手指卡住。

5 一邊張開合上雙手〔c〕，一邊將麵團均勻拉薄〔d〕。

point 因為麵團的延展性很好，所以不會破皮可以拉得很漂亮。當拉到某種程度時，因為麵團本身的重量會再拉得更薄〔e〕。

6 拉出來的麵皮薄得可以看到手背。

7 將麵皮的邊緣掛在工作板的側邊固定住〔f〕，再把麵皮拉撐至反方向同樣掛在工作板邊〔g〕。

8 依用途摺疊成型。

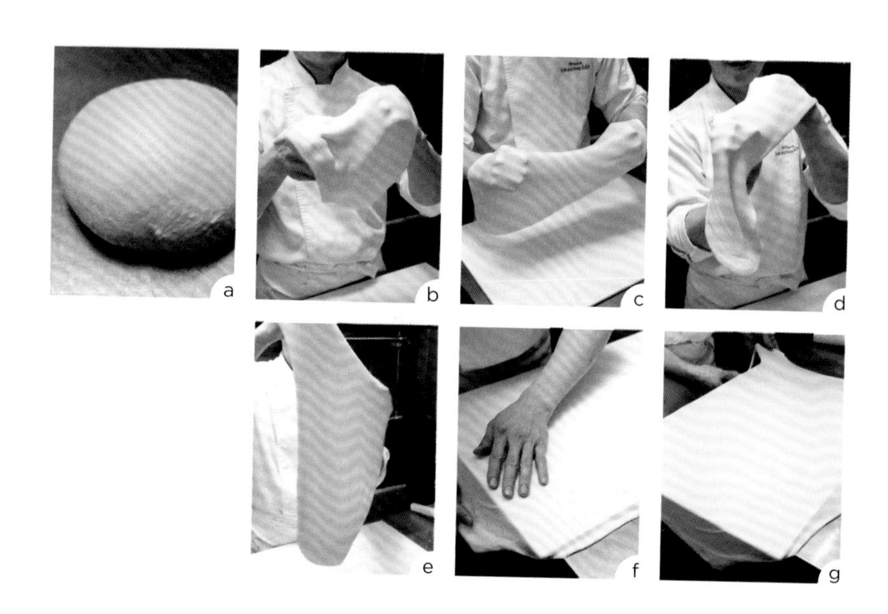
a b c d e f g

Strudel aux Pommes
法式蘋果酥捲

這款甜點是利用薄酥派皮捲包蘋果內餡烘烤而成。原本派烤好時為了呈現出香氣與濃郁度，會塗上融化的奶油，不過這裡換成核桃油。雖說用什麼油脂都可以，但為了增添烤好時的風味，建議使用堅果系油脂。這份食譜配合核桃餡料選用核桃油。雖然口感輕盈，但附上冰淇淋加安格列斯醬的組合，彌補欠缺的奶油風味。

Croustade aux Pommes
蘋果酥塔

這款甜點由法國西南部的傳統點心變化而成。以薄酥派皮（或是薄脆酥皮）包住內餡，烤成派餅般的輕盈口感。雖然餡料和法式蘋果酥捲一樣，卻呈現出不同的特色。

法式蘋果酥捲

太白胡麻油、核桃油

材料　40cm 長 1 條份

- 薄酥派皮麵團　約 100g
- 肉桂杏仁奶油餡
  - 杏仁奶油餡→ P92　200g
  - 肉桂粉　1g
- 蘋果醬
  - 蘋果泥　100g
  - 檸檬汁　15g
  - 香草籽　1/8 根
  - 肉桂粉　10g
  - 蘋果白蘭地（Calvados）　15g
- 巧克力蛋糕塊　50g
- 焦糖蘋果
  - 蘋果（紅玉）　1 個
  - 細砂糖　30g
  - 葡萄乾　40g
  - 蘋果白蘭地　20g
- 蘋果（紅玉）　2 個
- 核桃油　適量
- 香草粉→ P93　適量
- 細砂糖　適量
- 糖粉　適量

事先準備

・將巧克力蛋糕塊切成 2cm 丁狀。

1 將杏仁奶油餡和肉桂粉混合均勻，做成肉桂杏仁奶油餡。

2 製作蘋果醬。把蘋果白蘭地以外的所有材料放入鍋中加熱，煮至水分收乾。最後倒入蘋果白蘭地。

3 焦糖蘋果和 P72「蘋果酥盒」做法 **5** 相同（不過，蘋果切成 8 等分後再切成 3 塊）。

4 蘋果去皮切成 4 等分，再切成厚度 3mm 的扇形片狀。

5 薄酥派皮麵團和 P67「薄酥派皮麵團」**3**～**7** 一樣拉薄。

6 把工作板縱放在工作台上，派皮前端留些空隙，擠上 **1** 的肉桂杏仁奶油餡。上面再擠上 **2** 的蘋果醬〔a〕。

7 放上巧克力蛋糕塊〔b〕。

8 排上 **3** 的焦糖蘋果〔c〕，放上核桃。

9 排放 **4** 的蘋果〔d〕。

10 用刷子在派皮和蘋果上塗抹一層厚厚的核桃油〔e〕。把香草粉和細砂糖撒滿派皮。

11 鬆開掛在工作板上的派皮邊，拿著派皮從身體這一邊往前捲包起餡料〔f～h〕。

point 因為派皮的延展性很好，除非動作很粗魯不然不會破掉。

12 用手整型〔i〕，將派皮兩側扭緊（扭緊處可以切掉）。

13 在蘋果派上塗滿厚厚一層核桃油〔j〕，撒上香草粉和細砂糖。

14 放在烤盤上，送入 170℃的烤箱中烤約 40 分鐘。烤好後再塗上核桃油。放涼後切開，撒上糖粉即可。

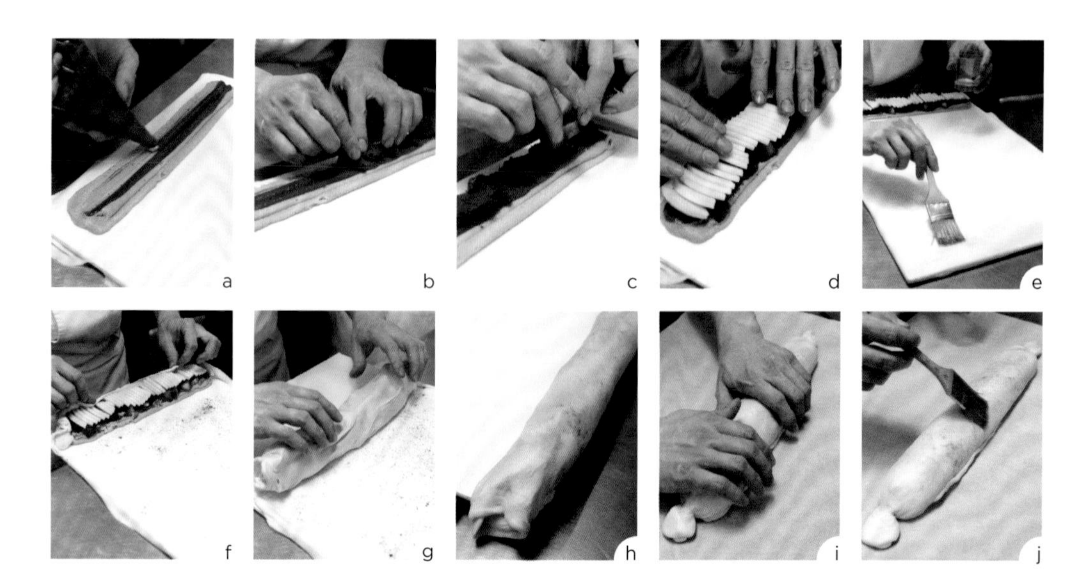

蘋果酥塔

太白胡麻油、核桃油

材料　上徑 7.5cm x 高 2cm 的小塔模 5 個份

薄酥派皮麵團　約 100g
肉桂杏仁奶油餡
　杏仁奶油餡→ P92　100g
　肉桂粉　0.5g
蘋果醬→ P70　50g
巧克力蛋糕塊　25g
焦糖蘋果
　蘋果（紅玉）　1 又 1/2 個
　細砂糖　45g
　葡萄乾　60g
　蘋果白蘭地　30g
紅糖　適量
糖粉　適量

1 肉桂杏仁奶油餡、蘋果醬和巧克力蛋糕塊的準備方法和 P70「法式蘋果酥捲」一樣。焦糖蘋果和 P72「蘋果酥盒」做法 **5** 相同（不過，蘋果分切成 8 等分後取 10 片，剩下的切成 1cm 丁狀）。

2 薄酥派皮麵團和 P67「薄酥派皮麵團」做法 **3**～**7** 一樣拉薄。

3 將 **2** 的派皮蓋住塔模〔a〕，配合塔模底部貼緊〔b〕。

4 擠入 20g 的肉桂杏仁奶油餡，中間再擠上 10g 的蘋果醬。

5 放上 5g 的巧克力蛋糕塊，再擺上 5 塊切成 1cm 丁狀的焦糖蘋果〔c〕。

6 放上 2 片切成 8 等分的焦糖蘋果，撒上紅糖〔d〕。

7 切掉多餘的派皮，一邊盡量把派皮拉薄〔e〕一邊以包住內餡的方式蓋上派皮〔f · g〕。

8 放入 170℃的烤箱中烤約 30 分鐘。放涼後撒上糖粉即可。

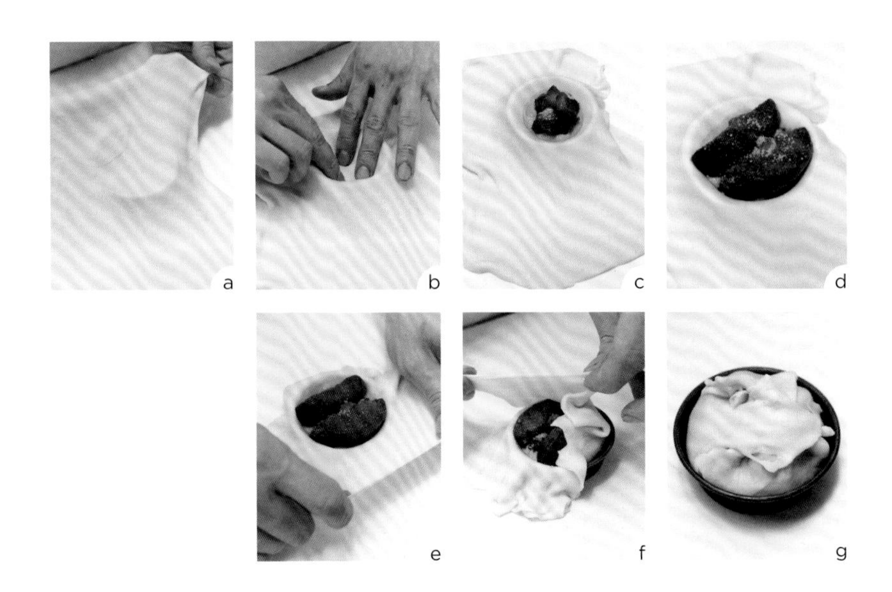

Croustade aux Pommes
蘋果酥盒

蘋果酥盒

太白胡麻油

薄脆酥皮的做法比薄酥派皮簡單，也能烤出酥脆輕盈的口感。重複在超薄的酥皮上抹油，和派餅皮的做法類似。不過酥皮的特色在於特殊的麵粉嚼感，所以不像派餅皮要重疊好幾層，約鋪 3 張左右。另外，這道食譜和 P74「香栗酥盒」一樣擠入杏仁奶油餡，烤成偏濕潤的口感。烤好後可以在酥皮上撒紅糖，或是柳橙皮絲增添風味。

材料　上徑 7.5cm x 高 2cm 的小塔模 6 個份

酥皮（40cm x 30cm）　3 張
太白胡麻油　適量
杏仁奶油餡→ P92　150g
蘋果醬→ P70　60g
蘋果白蘭地　適量
焦糖蘋果
　蘋果　1 個
　細砂糖　100g
　葡萄乾　20g
　蘋果白蘭地　10g
三溫糖　適量
杏桃果醬　適量
奶酥→ P93　適量
糖粉　適量

1. 在酥皮上用刷子塗上一層薄薄的太白胡麻油，並疊放 3 張〔a～c〕。切成 6 等分（約 13cm x 15cm）〔d〕。

   point 油脂是黏貼酥皮用的，因此盡量刷得很薄。酥皮很容易變乾，所以要先蓋上濕布。

2. 把**1**鋪在塔模上貼緊。一邊蓋住塔模貼緊底部〔e〕一邊黏緊側邊〔f〕，多餘的部分摺成漂亮的縐褶固定住〔g〕。摺好的酥皮比塔模邊緣高 1cm 左右〔h〕。

   point 如果邊緣過厚，會烤出喀擦喀擦偏硬的口感，所以要適度抓出縐褶間距。

3. 擠入 25g 的杏仁奶油餡〔i〕，中間擠上 10g 的蘋果醬。
4. 放入 170℃的烤箱中烤約 25 分鐘。烤好後〔j〕，刷上蘋果白蘭地。
5. 製作焦糖蘋果。蘋果去皮切成 8 等分。在平底鍋中將細砂糖煮成焦糖，放入蘋果、泡開的葡萄乾和蘋果白蘭地翻炒。
6. **5** 撒上三溫糖用瓦斯噴槍烤焦表面，放 3 片在 **4** 上。
7. 蘋果塗上加熱後的杏桃果醬，放上奶酥，撒上糖粉即可。

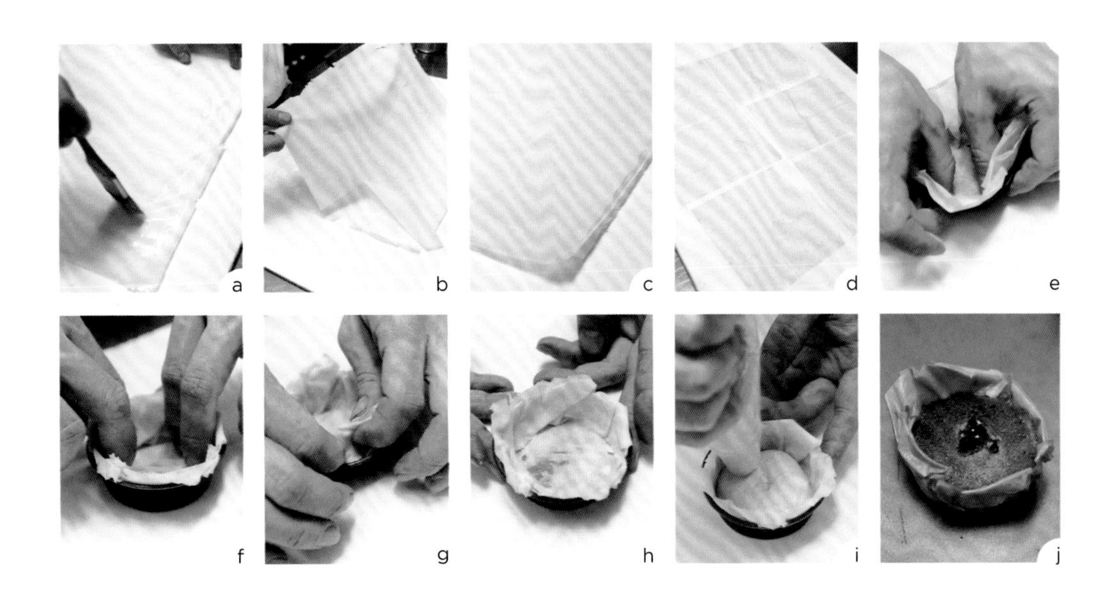

a b c d e f g h i j

Croustade aux Marrons
香栗酥盒

香栗酥盒 ｜ 太白胡麻油

這款也是用薄脆酥皮做成的酥盒甜點。以酥脆輕盈的麵皮包裹肉桂風味的杏仁奶油餡和帶皮糖煮栗子烘烤而成。

材料　上徑 5.5cm x 高 5cm 的小塔模 6 個份
薄脆酥皮（40cm x 30cm）　3 張
肉桂杏仁奶油餡
杏仁奶油餡→ P92　120g
肉桂粉　3g
帶皮糖煮栗子　60g
栗子泥　120g
杏桃果醬　適量
糖霜淋醬
糖粉　60g
水　5g
萊姆酒　5g
糖粉　適量

1 和 P72「蘋果酥盒」做法 **1** 一樣。

2 杏仁奶油餡和肉桂粉混合均勻。

3 在 **1** 的中央擠上 20g 的 **2**，放上切碎的帶皮糖煮栗子 10g，擠上 20g 的栗子泥〔a〕。

4 合起酥皮對角〔b〕，一邊輕輕摺出縐褶一邊包起內餡〔c〕。直接放入塔模中〔d〕。

5 放入 180℃的烤箱中烤約 30 分鐘〔e〕。

6 塗上加熱後的杏桃果醬，用紙摺的擠花袋擠出糖霜淋醬淋上。撒上糖粉即可。

a

b

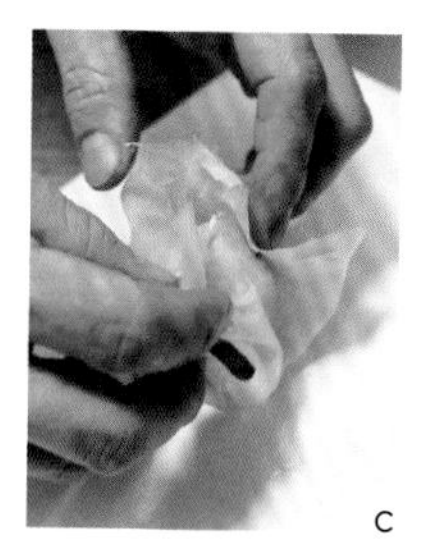
c

d

e

酥脆質地的變化種類

活用薄酥派皮麵團和薄脆酥皮

- 薄酥派皮麵團 → [捲包內餡] ………… 法式蘋果酥捲 → P68
- 薄酥派皮麵團 → [放入內餡包起] ………… 蘋果酥派 → P69
- 薄脆酥皮 → [鋪在烤模上] ………… 蘋果酥盒 → P72
- 薄脆酥皮 → [包起內餡放入烤模] ………… 香栗酥盒 → P74

Bonbon Chocolat aux Framboises
覆盆子巧克力糖

製作甘納許的最後一道步驟是添加奶油做出光澤感，這裡改用太白胡麻油。奶油和太白胡麻油的共通點是兩者的油脂美味都和巧克力很對味。相異點是奶油具乳香風味，太白胡麻油則是無色無味無香。基於這點，太白胡麻油能引出可可亞的味道與覆盆子的清新酸味。巧克力因種類不同乳化狀態會有所差異，雖說不能以一概全，但要以太白胡麻油代替原本的奶油時，必須稍微減量。這份食譜中用電動攪拌棒進行乳化，但甘納許的做法請按製作者各自的手法來進行。

覆盆子巧克力糖　太白胡麻油

材料　30 個份

甘納許

- 黑巧克力（可可含量 40%）　315g
- 鮮奶油　75g
- 覆盆子醬　90g
- 水麥芽　45g
- 太白胡麻油　10g
- 覆盆子酒　18g

黑巧克力（可可含量 58%）　適量

珍珠糖粉（紅色）　適量

1 將鮮奶油、覆盆子醬和水麥芽倒入鍋中煮沸〔a〕。

2 把巧克力（如果不是蠶豆狀的巧克力，就切成大塊）放入攪拌盆中，一邊過濾 1 一邊讓它全部流入攪拌盆中〔b〕，暫時靜置不動〔c〕。

3 當巧克力遇熱表面開始軟化後〔d〕，用打蛋器攪拌中間〔e〕。

4 全部乳化變得黏稠後〔f〕，分 2 次倒入太白胡麻油一樣繼續攪拌〔g〕。

point 為了穩定乳化狀態，油或酒每次只倒入一半，等最先加入的份量充分乳化後，再倒入剩下的部分。

5 分 2 次加入覆盆子酒同樣攪拌均勻〔h〕。

6 再用電動攪拌棒攪拌，使其完全乳化〔i・j〕。

point 盡量不要拌入空氣（尤其是在製作巧克力糖用的甘納許時，為了避免品質腐壞變差，務必小心不要讓空氣跑進去）。當完全乳化時，光澤度會明顯增加。

7 在巧克力裝飾板（凹凸板）上放高 1.3cm 的鐵條當作外框，倒入 **6** 均勻抹平。置於室溫下 1 天使其凝固。

8 用巧克力切割器切成 2cm x 3cm。

9 巧克力調溫。

10 從 **8** 的凹凸面均勻淋上一層 **9**。撒上珍珠糖粉即可。

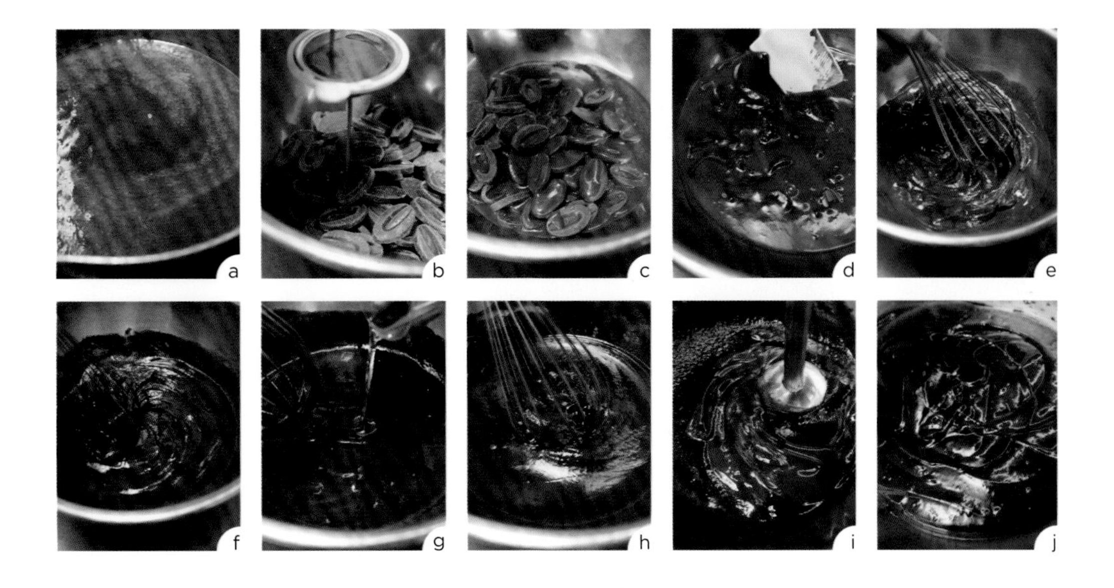

a b c d e f g h i j

Truffe Chocolat Blanc à l'Orange
香橙白巧克力球

香橙白巧克力球

太白胡麻油

和 P76「覆盆子巧克力糖」一樣，把甘納許的奶油換成太白胡麻油，帶出白巧克力的溫醇味道與柳橙氣味。柑橘類或莓果系列水果風味的巧克力尤其推薦使用太白胡麻油。

材料　約 33 個份

甘納許
- 白巧克力　200g
- 鮮奶油　100g
- 轉化糖（（Trimoline）　15g
- 柳橙皮絲　1/8 顆份
- 太白胡麻油　10g
- 橙酒（柑曼怡）　5g
- 糖漬橙皮（粒狀）　8g

白巧克力　適量

1 將鮮奶油、轉化糖和柳橙皮絲放入鍋中加熱〔a〕。沸騰後立刻關火，蓋上鍋蓋靜置 5 分鐘，等香氣飄出。

2 在攪拌盆中放入切成大塊的白巧克力。一邊過濾 **1** 一邊使其全部流入攪拌盆中，暫時靜置不動〔b〕。

3 當巧克力遇熱表面開始軟化後，用打蛋器攪拌中間〔c～e〕。

4 全部乳化變得黏稠後，分 2 次倒入太白胡麻油一樣繼續攪拌〔f〕。

5 分 2 次加入橙酒一樣攪拌均勻〔g〕。

6 再用電動攪拌棒攪拌，使其完全乳化〔h・i〕。

7 加入糖漬橙皮混合均勻〔j〕。

point 甘納許的製作重點和 P76「覆盆子巧克力糖」相同。

8 倒入容器中，置於常溫下 1 天使其凝固。

9 將 **8** 做成每顆 10g 的圓球。

10 白巧克力調溫。

11 取少許的 **10** 在手中，滾動 **9** 使其薄薄地沾上一層 **10**。重複進行 3 次。

12 沾完第 3 次巧克力後，放在網子上滾動，做出表面花紋。

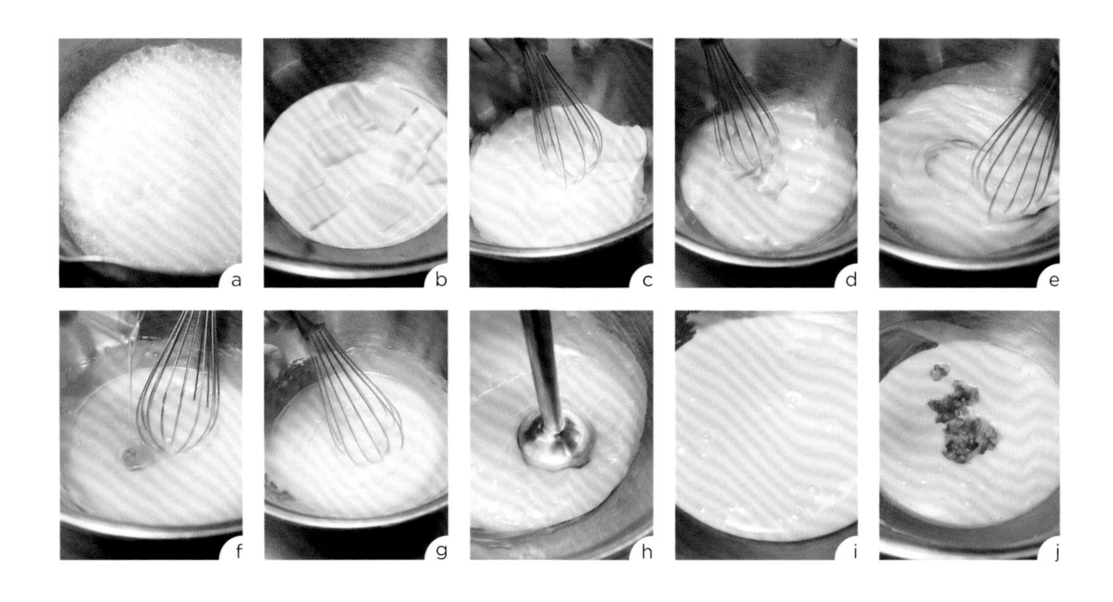

Pistache Griotte

開心果櫻桃慕斯

第 III 章

來自精緻甜點的創想食譜

精緻甜點是由好幾個部分組合而成。每個部份彼此間互相協調、琢磨，醞釀出蛋糕自我的個性。假設在這當中有幾個部分不用原本食譜中的奶油，改以植物性油脂製作，蛋糕的味道會發生什麼變化呢一只要能讓整體味道保持平衡，就不會感覺到因為沒用奶油而造成的「不足」感。基於這個想法，接下來要介紹從陳列在店內的精緻甜點中，試著將某些配料改用植物性油脂製作，為此更改配方的食譜。這是不破壞精緻甜點的協調性，不勉強使用植物性油脂，妥善解決奶油不足的良策。

開心果櫻桃慕斯

太白胡麻油

這道甜點是開心果加上櫻桃的濃厚滋味組合。在開心果慕斯和巧克力慕斯中包有巧克力蛋糕。櫻桃果凍的酸味與榛果巧克力脆片的輕盈口感巧妙隱藏於內。

材料　直徑 5cm x 5cm 慕斯圈 15 個份

巧克力蛋糕　60cm x 40cm 烤盤 1 片份

- 蛋黃　88g
- 細砂糖　50g
- 蛋白　100g
- 細砂糖　34g
- 杏仁粉　36g
- 可可粉　24g
- 低筋麵粉　18g
- 高筋麵粉　18g
- 太白胡麻油　28g

1. 蛋黃加細砂糖攪拌至泛白（不用隔水加熱）。
2. 蛋白加細砂糖確實打發成蛋白霜。
3. 把 **2** 倒入 **1** 中攪拌，加入粉類混拌均勻。再倒入太白胡麻油攪拌。
4. 倒入烤盤中抹平，放入 200°C的烤箱中烤約 10 分鐘。
5. 用直徑 5cm、2.5cm 的圓形壓模切取（每個各用 1 片）。

櫻桃果凍

- 櫻桃果醬　46g
- 細砂糖　110g
- 櫻桃白蘭地　14g
- 檸檬汁　20g
- 吉利丁片　10g

1. 櫻桃果醬和細砂糖倒入鍋中加熱，加入櫻桃白蘭地和檸檬汁。加入泡軟的吉利丁片溶解後過濾。
2. 倒入直徑 3cm 的球形矽膠模，放入冰箱冷凍。

開心果慕斯

- 牛奶　210g
- 蛋黃　90g
- 細砂糖　45g
- 吉利丁片　6g
- 開心果醬　60g
- 太白胡麻油　8g
- 櫻桃白蘭地　8g
- 鮮奶油　210g

1. 將牛乳和少許細砂糖倒入鍋中煮沸，蛋黃和細砂糖打至泛白時加入攪拌。倒回鍋中煮成安格列斯醬。
2. 在 **1** 中加入泡軟的吉利丁片溶解。
3. 開心果醬加太白胡麻油混合均勻，把 **2** 倒入攪拌。加入櫻桃白蘭地。溫度調整至 19°C。
4. 鮮奶油打至 7 分發泡，加入 **3** 中混合均勻。把攪拌盆放入冰水中攪拌至濃稠。

巧克力慕斯

- 蛋黃　52g
- 細砂糖　40g
- 水　40g
- 黑巧克力（可可含量 70%）　140g
- 鮮奶油　360g

1. 蛋黃打至發泡，加入細砂糖和水加熱至 117°C的糖漿攪拌，做成蛋黃霜。
2. 巧克力融化後倒入 **1** 混合均勻。
3. 鮮奶油打至 7 分發泡，加入 **2** 中混合均勻。

棒果巧克力脆片

牛奶巧克力（可可含量 40%） 93g

榛果醬 62g

可可粉 14g

巴芮脆片（香脆塔皮麵團） 156g

1 把巧克力、榛果醬和可可粉放進攪拌盆中隔水加熱融化，加入巴芮脆片攪拌均勻。

酒糖液

27 波美度糖漿 100g

櫻桃白蘭地 50g

水 30g

組合

酒漬櫻桃 2 粒／1 個

外層巧克力粉

白巧克力 100g

可可脂 200g

巧克力用綠色色粉 少許

鏡面巧克力醬

中性果膠 210g

水 140g

轉化糖（Trimoline） 25g

鮮奶油 10g

細砂糖 125g

可可粉 40g

吉利丁片 10g

黑巧克力（可可含量 70%） 35g

太白胡麻油 25g

裝飾

櫻桃白蘭地酒漬櫻桃（半顆） 2 片／1 個

巧克力片→ P93〈B〉 1 片／1 個

珍珠糖粉（金色） 適量

1 在巧克力蛋糕片上刷上酒糖液。

2 在慕斯圈中倒入 5 分滿的開心果慕斯，用湯匙抹勻至慕斯圈邊緣。

3 放入冷凍的櫻桃果凍。

4 放上直徑 2.5cm 的巧克力蛋糕片。

5 擠入巧克力慕斯。

6 放上 2 顆酒漬櫻桃。

7 放上直徑 5cm 的巧克力蛋糕片。

8 再放上榛果巧克力碎片。放入冰箱冷藏凝固。

9 白巧克力加可可脂融解均勻。用色粉染成黃綠色。

10 將 **8** 倒扣後拿掉慕斯圈，用噴槍把 **9** 均勻塗滿整體。

11 在鍋中倒入鏡面巧克力醬用的果膠、水、轉化糖和鮮奶油煮沸。細砂糖加可可粉混合均勻，放入少許煮沸的果膠攪拌，再將這些倒回裝有果膠的鍋子中攪拌均勻。再度煮沸後，關火加入泡軟的吉利丁片溶解。巧克力隔水加熱融解，倒入太白胡麻油攪拌均勻，加入果膠混合均勻。用攪拌棒攪拌後過濾。

12 在 **10** 的半側淋上 **11**。

13 放上 2 片酒漬櫻桃。用直徑 3.5cm 的圓形壓模切取巧克力片，噴上珍珠糖粉裝飾即可。

Tranche aux Fruits
水果多嵐樹

用雞蛋、奶油和植物性油脂把巧克力蛋糕碎片連結起來，做成創新餅皮。不僅質地濕潤，還能感受到蛋糕碎片特有的酥鬆口感；可可和肉桂的香氣、葡萄乾也帶出畫龍點睛的效果。再以散發出白蘭地香氣的鮮奶油和各式色彩繽紛的水果裝飾。

Forêt Noire
黑森林蛋糕

黑森林蛋糕是法式甜點中著名的巧克力蛋糕。巧克力蛋糕間包夾著具櫻桃白蘭地風味的鮮奶油，和用可可含量高的巧克力做成的苦甜巧克力鮮奶油，共2層內餡，完成這道精緻甜點。

水果多嵐樹

奶油、太白胡麻油

材料　8 個份

多嵐樹餅皮　60cm x 40cm　方形分離烤模 1 片份

- 細砂糖　40g
- 水　50g
- 雞蛋　700g
- 細砂糖　500g
- 紅糖　60g
- 低筋麵粉　320g
- 可可粉　50g
- 泡打粉　25g
- 肉桂粉　15g
- 無鹽奶油　230g
- 太白胡麻油　200g
- 巧克力蛋糕碎片　1435g
  把蛋糕剝鬆散
- 葡萄乾　150g

1. 細砂糖加熱煮成焦糖後，關火加入水攪拌開。
2. 雞蛋、細砂糖和紅糖攪拌到泛白起泡，加入 **1** 混合均匀。
3. 加入粉類混拌均匀。
4. 奶油加太白胡麻油融解後，加入 **3** 中攪拌均匀。
5. 加入巧克力蛋糕碎片和葡萄乾混合均匀。
6. 倒入 60cm x 40cm 的方形烤模中並抹平。放入 170℃的烤箱中烤約 40 分鐘。
7. 切除上下表面，分切成厚度 1cm。

發泡鮮奶油

- 鮮奶油　300g
- 細砂糖　30g
- 白蘭地　15g
- 香草精　少許

1. 鮮奶油加細砂糖打至 8 分發泡，加入白蘭地和香草精。

組合

- 草莓、奇異果、芒果、杏桃、覆盆子、藍莓　各適量
- 中性果膠　適量
- 巨峰葡萄、食用花卉（蝴蝶蘭）　隨意

1. 在方框模中鋪上多嵐樹餅乾，塗滿 1cm 厚的鮮奶油。再依多嵐樹餅乾、鮮奶油、多嵐樹餅乾的順序疊放，最上面塗上一層薄薄的鮮奶油。切成 3cm x 8cm。
2. 草莓、奇異果、芒果、杏桃切成 5mm 丁狀。覆盆子和藍莓切成一半。
3. 將 **2** 的水果擺放在 **1** 上，塗上果膠。以巨峰葡萄、花瓣裝飾即可。

黑森林蛋糕

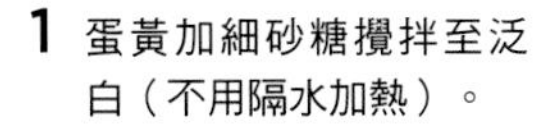

材料　直徑 5cm x 高 5cm 的慕絲圈 15 個份

巧克力蛋糕　60cm x 40cm 的烤盤 1 片份

- 蛋黃　88g
- 細砂糖　50g
- 蛋白　100g
- 細砂糖　34g
- 杏仁粉　36g
- 可可粉　24g
- 低筋麵粉　18g
- 高筋麵粉　18g
- 太白胡麻油　28g

1. 蛋黃加細砂糖攪拌至泛白（不用隔水加熱）。
2. 蛋白加細砂糖確實打發成蛋白霜。
3. 把 **2** 倒入 **1** 中攪拌，加入粉類混拌均勻。再倒入太白胡麻油混合均勻。
4. 倒入烤盤中抹平，放入 170℃的烤箱中烤約 10 分鐘。
5. 用直徑 5cm 的圓形壓模切取（每個用 2 片）。

發泡鮮奶油

- 鮮奶油　500g
- 細砂糖　50g
- 櫻桃白蘭地　少許
- 香草精　少許

1. 鮮奶油加細砂糖攪打至 8 分發泡，倒入櫻桃白蘭地和香草精。

巧克力鮮奶油

- 鮮奶油　500g
- 細砂糖　50g
- 黑巧克力（可可含量 70%）　150g
- 鮮奶油　150g

1. 鮮奶油加細砂糖攪打至 8 分發泡。
2. 鮮奶油煮沸，加入巧克力攪拌使其乳化，作成甘納許。
3. 把 **1** 加入 **2** 攪拌均勻。

甘納許

- 牛奶　200g
- 鮮奶油　170g
- 太白胡麻油　100g
- 細砂糖　150g
- 可可粉　75g
- 黑巧克力（可可含量 56%）　350g
- 櫻桃白蘭地　少許

1. 牛奶加鮮奶油、太白胡麻油煮沸。
2. 細砂糖和可可粉充分混合後，把 **1** 加入確實攪拌均勻。
3. 把 **2** 加入巧克力中攪拌使其乳化，倒入櫻桃白蘭地。

酒糖液

- 27 波美度糖漿　適量
- 櫻桃白蘭地　少許

組合

- 櫻桃白蘭地酒漬櫻桃　4 顆／1 個

裝飾

- 巧克力碎片　適量
- 可可粉　適量
- 櫻桃白蘭地酒漬櫻桃（含櫻桃梗）　1 顆／1 個

1. 在巧克力蛋糕片上刷上酒糖液，鋪在慕斯圈底部。
2. 擠入發泡鮮奶油，放上 4 顆酒漬櫻桃，再擠上少許鮮奶油。
3. 擺上巧克力蛋糕片，擠上巧克力鮮奶油並抹平。放入冷藏室或冷凍室使表面緊實。
4. 拿下慕斯圈，淋上一層薄薄的甘納許。
5. 在蛋糕上均勻撒滿巧克力碎片及可可粉。中央放上酒漬櫻桃裝飾即可。

Noisette Café
棒果咖啡蛋糕

這款甜點由沖泡出咖啡香氣的白巧克力慕斯為主體、加上牛奶巧克力甘納許、底部的榛果餅皮和加了巴芮脆片，口感酥脆的榛果巧克力組合而成。白巧克力溫潤地包裹住榛果和咖啡的濃醇組合。

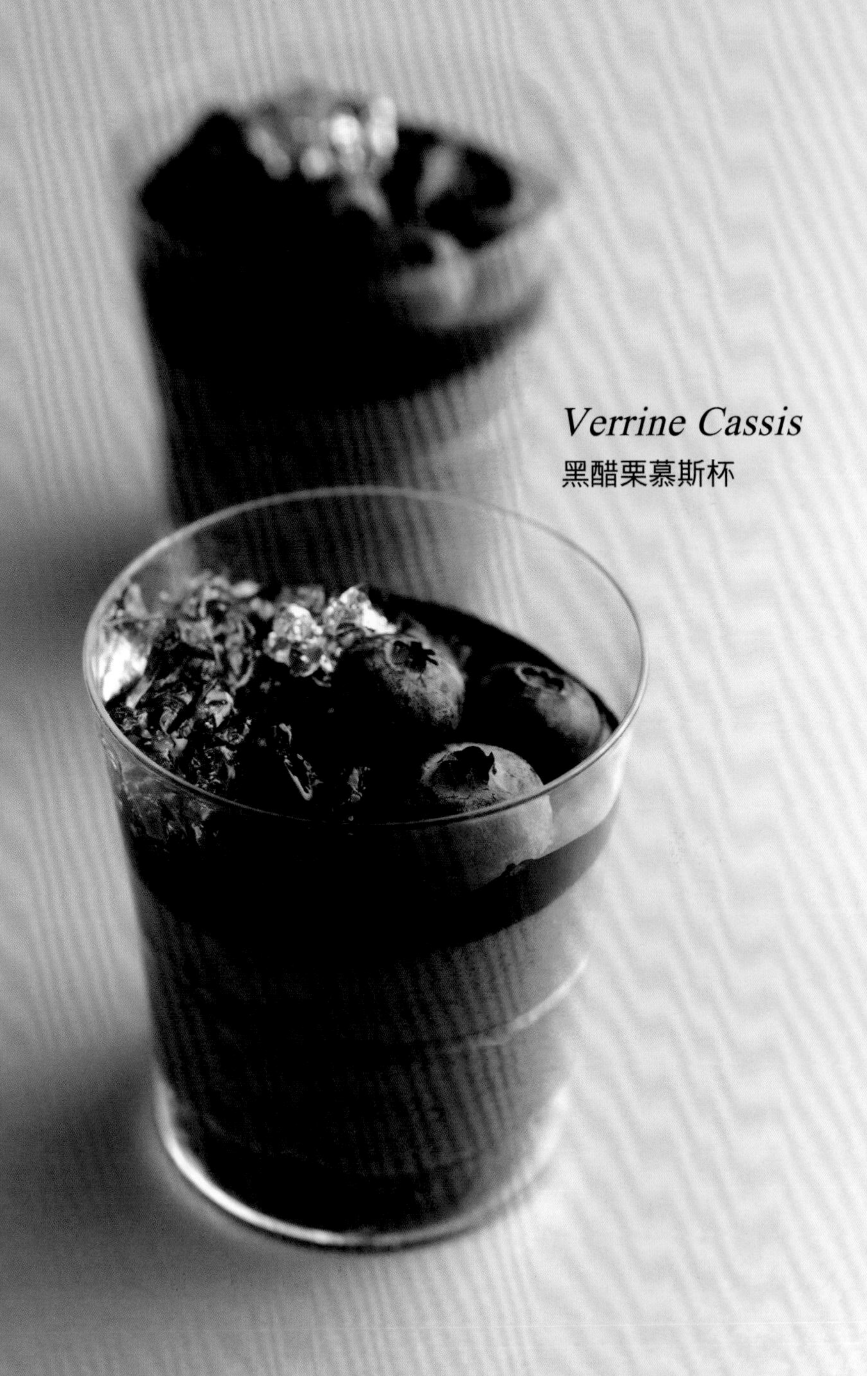

Verrine Cassis
黑醋栗慕斯杯

由黑醋栗慕斯和伯爵茶慕斯組合而成的甜點杯。鋪在最下面的超軟巧克力蛋糕（biscuit moelleux chocolat），為了符合moelleux（柔軟的）的意思，就算存放於冷藏櫃中也要保持入口即化的軟綿口感，因此使用液體的植物性油脂製作。

榛果咖啡蛋糕

榛果油、太白胡麻油

材料　40 個份

榛果餅皮　60cm x 40cm 烤盤 1 片份

- 榛果　100g
- 蛋白　230g
- 細砂糖　75g
- 榛果粉　210g
- 糖粉　215g
- 低筋麵粉　8g
- 榛果油　20g
- 糖粉　適量

1 榛果放入 160℃的烤箱中烘烤約 15 分鐘，放涼後切碎。
2 蛋白加細砂糖打到 8 分發泡。
3 在 **2** 中加入粉類混拌，倒入榛果油攪拌均勻。加入 **1**。
4 倒入烤盤中抹平，撒上糖粉。放入 200℃的烤箱中約烤 12 分鐘。

榛果巧克力

- 榛果醬　200g
- 杏仁醬　80g
- 牛奶巧克力（可可含量 40%）　80g
- 榛果油　30g
- 巴芮脆片（可麗餅麵團）　150g

1 榛果醬、杏仁醬和牛奶巧克力隔水加熱融化，倒入榛果油攪拌均勻。加入巴芮脆片。

牛奶巧克力甘納許

- 鮮奶油　225g
- 牛奶巧克力（可可含量 40%）　270g
- 太白胡麻油　10g
- 榛果酒　15g

1 鮮奶油煮沸，加入牛奶巧克力混合使其乳化。倒入太白胡麻油和榛果酒。用電動攪拌棒攪拌使其充分乳化。

白巧克力慕斯

- 加糖蛋黃液　105g
- 細砂糖　65g
- 鮮奶油　250g
- 牛奶　20g
- 咖啡豆　20g
- 吉利丁片　10g
- 即溶咖啡　10g
- 白巧克力　215g
- 咖啡酒　12g
- 鮮奶油　750g

1 蛋黃液加細砂糖攪拌到泛白起泡，和煮沸的鮮奶油及牛奶混合，倒入沖好的咖啡，煮成安格列斯奶油醬。
2 加入泡軟的吉利丁片溶解，加入即溶咖啡。
3 **2** 過濾後加入白巧克力中攪拌使其乳化，倒入咖啡酒。
4 鮮奶油打到 7 分發泡，加入 **3** 中混合均勻。

裝飾用巧克力粉

- 白巧克力　100g
- 可可脂　200g
- 巧克力用黃、紅色色粉　各少許

裝飾

巧克力片→ P93〈A〉　2 片／1 個

焦糖榛果　2 粒／1 個

1 榛果餅皮烤面朝下放入 60cm x 40cm 的方框模中。
2 依序放入榛果巧克力和牛奶巧克力甘納許。
3 倒入白巧克力慕斯，表面用梳子刷出斜面紋路。
4 白巧克力和可可脂融化混合均勻，用色粉染成橘色和黃色。用噴槍將各種顏色噴在 **3** 的上方。
5 切成 3cm x 8cm，擺上 2 個焦糖榛果和 2 片巧克力片裝飾即可。

黑醋栗慕斯杯

夏威夷豆油、太白胡麻油

材料　160cc 杯子 20 杯份

超軟巧克力蛋糕　60cm x 40cm 烤盤 1 片份

- 雞蛋　156g
- 細砂糖　70g
- 黑巧克力（可可含量 58%）　50g
- 轉化糖（Trimoline）　15g
- 低筋麵粉　78g
- 可可粉　18g
- 牛奶　40g
- 夏威夷豆油　40g
- 太白胡麻油　30g

1 雞蛋加細砂糖攪拌到泛白起泡。
2 巧克力加轉化糖隔水加熱融解。
3 把 **1** 倒入 **2** 中攪拌，加入粉類混拌均匀。
4 倒入牛奶攪拌，分次少量地倒入夏威夷豆油和太白胡麻油混合均匀。
5 倒入烤盤中，放入 170℃的烤箱中烤約 30 分鐘。
6 用直徑 5cm 的圓形壓模切取。

伯爵茶慕斯

- 牛奶　110g
- 伯爵茶葉　10g
- 蛋黃　30g
- 細砂糖　50g
- 吉利丁片　8g
- 白蘭地　8g
- 鮮奶油　130g

1 取少許牛奶和細砂糖，加入伯爵茶葉煮沸後關火靜置 5 分鐘，萃取出香氣。
2 蛋黃加細砂糖攪拌到泛白起泡，倒入過濾後的 **1**。倒回鍋中煮成安格列斯醬。
3 在 **2** 中加入泡軟的吉利丁片溶解，倒入白蘭地。
4 鮮奶油打到 7 分發泡，加入 **3** 中攪拌均匀。

黑醋栗慕斯

- 黑醋栗醬　1000g
- 香草籽　1/2 根
- 蛋黃　320g
- 細砂糖　60g
- 吉利丁片　32g
- 黑醋栗酒　180g
- 蛋白　160g
- 細砂糖　280g

1 黑醋栗加香草籽煮至沸騰。
2 蛋黃加細砂糖攪拌到泛白起泡，加入 **1** 混合均匀。倒回鍋中一樣煮成安格列斯醬。
3 在 **2** 中加入泡軟的吉利丁片溶解後過濾。倒入黑醋栗酒。
4 蛋白加細砂糖確實打發做成蛋白霜。
5 把 **4** 加入 **3** 中混合均匀。

黑醋栗淋醬

- 黑醋栗醬　200g
- 27 波美度糖漿　60g
- 黑醋栗酒　20g

1 黑醋栗醬加糖漿加熱，倒入黑醋栗酒。

檸檬果凍

- 水　375g
- 細砂糖　158g
- 檸檬汁　21g
- 吉利丁片　7.5g
- 橙酒（君度橙酒）　30g

1 水和細砂糖煮沸，關火後倒入檸檬汁。
2 加入泡軟的吉利丁片溶解後過濾，倒入橙酒。
3 倒入鋼盤中，放涼凝固。

裝飾

- 藍莓　3 顆／1 個
- 金箔　適量

1 在杯子底部鋪上巧克力蛋糕。
2 從中間擠入 15g 的伯爵茶慕斯。
3 擠入 105g 的黑醋栗慕斯。
4 倒入黑醋栗淋醬。放上切碎的檸檬果凍，擺上藍莓。以金箔裝飾即可。

基礎配料的做法

發泡鮮奶油（*crème chantilly*）

材料

鮮奶油	需要量
細砂糖	鮮奶油的 10% 用量

1 鮮奶油加細砂糖依用途打至發泡。

卡士達鮮奶油（*crème diplomate*）

材料　約 400g 份

卡士達醬→ P35	300g
發泡鮮奶油→上述	100g

1 將發泡鮮奶油打至 8 分發泡。
2 在卡士達醬中加入少許 1 用打蛋器攪拌均勻後，加入剩下的鮮奶油混合均勻。

杏仁奶油餡（*crème d'amande*）

材料　約 185g 份

無鹽奶油	45g
糖粉	45g
雞蛋	45g
杏仁粉	50g

事先準備
・雞蛋放置室溫回溫備用。

1 將奶油和糖粉放入攪拌盆（裝好電動打蛋器）中攪拌。
2 糖粉溶解後，分次少量加入雞蛋以中速攪拌均勻。
3 加入杏仁粉攪拌。整體混合均勻即可。
4 放入冰箱中靜置一晚。使用時置於室溫回溫，攪拌滑順。

法式奶油霜（*crème au beurre*）

材料　約 2100g 份

A	蛋黃　150g
	細砂糖　230g
	牛奶　200g
	香草籽　1/2 根
B	蛋白　125g
	細砂糖　250g
	水　80g
	無鹽奶油　1100g

事先準備

・雞蛋放置室溫回溫備用。

1 用 A 煮成安格列斯醬。取少許牛奶和細砂糖，加入香草籽煮沸。蛋黃加細砂糖攪拌到泛白起泡，加入煮沸的牛奶，過濾後倒回鍋中煮至濃稠。放涼備用。

2 用 B 做成義式蛋白霜。蛋白打出泡沫，細砂糖和水煮至 118℃，將糖漿分次少量地加入蛋白中攪拌至降溫。

3 用攪拌機（裝上電動打蛋器）將奶油打成乳霜狀，加入 **1** 的安格列斯醬混合均勻。

4 加入 **2** 的義式蛋白霜用橡皮刮刀混拌均勻。

奶酥

材料　麵團約 510g 份

- 低筋麵粉　250g
- 無鹽奶油　75g
- 細砂糖　100g
- 肉桂粉　6g
- 鹽　1g
- 可可脂　30g
- 米糠油　50g

1 用攪拌機（裝上電動打蛋器）將低筋麵粉和奶油攪拌成鬆散狀。

2 細砂糖、肉桂粉和鹽混合後，加入 **1** 中攪拌均勻。

3 加入可可脂混合，趁麵粉還沒結成團時加入米糠油攪拌均勻。

4 用粗目的濾網過篩成鬆散狀。放入冰箱靜置一晚。

5 鋪平在烤盤上，放入 170℃的烤箱中烤 10 ～ 15 分鐘，一邊不時地翻攪所有奶酥一邊烘烤。

糖烤杏仁粒

材料

- 杏仁角（1/16 切片）　1000g
- 細砂糖　100g
- 水　100g

1 細砂糖加水煮至 118℃做成糖漿，關火加入杏仁角。

2 仔細攪拌成白色糖化狀後，放在鋪了矽膠墊的烤盤上。

3 放入 160 ～ 170℃的烤箱中，一邊不時地翻攪所有杏仁角一邊烘烤 12 ～ 13 分鐘，烤至金黃色為止。

巧克力片

材料　約 30cm x 40cm 的大小 1 片份

- 黑巧克力（可可含量 58%）　100g

1 調溫巧克力。

2 〈A〉把 **1** 倒在 OPP 塑膠膜上，上面再蓋張 OPP 塑膠膜，不讓空氣進入，用刮板盡量刮開成薄片狀。置於常溫凝固。

〈B〉把 **1** 倒在巧克力裝飾板（凹凸）上，上面再蓋張 OPP 塑膠膜，不讓空氣進入，用刮板盡量刮開成薄片狀。置於常溫凝固。

3 〈A〉〈B〉要用時拿下巧克力片，切成適當大小。

27 波美度糖漿

材料

- 細砂糖、水　各等量

1 細砂糖和水加熱，待砂糖溶解後放涼。

香草粉

1 用過的香草莢曬乾後，磨碎成粉末狀。

Les années folles 的員工

清家達也（甜點副主廚）
宮崎靖大
清水 晃
藤原里美
石毛 Azusa

菊地賢一

1978 年生於日本神奈川縣。於「ARPAJON」、「VOILA」和「季之葩」修業結束後，在「東京柏悅飯店（Park Hyatt Tokyo）」服務 5 年。之後，到「新加坡君悅大飯店（Grand Hyatt Singapore）」和「巴黎旺多姆柏悅酒店（Park Hyatt Paris-Vendôme）」繼續海外進修，回到日本後在 2009 年擔任「Gateaux naturels Shu」的甜點主廚。2012 年，在獨立創業前再赴法國，於「Sébastien Gaudard」研習。這段期間在日本國內外的大賽上獲獎多次，並擔任甜點學校的講師及企業顧問。2012 年 11 月以經營者兼主廚的身分創立「Les années folles」。以製作時髦經典的甜點為志向。

Pâtisserie Les années folles
東京都澀谷區惠比壽西 1-21-3
Tel:03-6455-0141
http://lesanneesfolles.jp

TITLE

奶油減量也OK！好吃甜點巧思技法

STAFF

出版　瑞昇文化事業股份有限公司
作者　菊地賢一
譯者　郭欣惠

總編輯　郭湘齡
責任編輯　莊薇熙
文字編輯　黃美玉　黃思婷
美術編輯　謝彥如
排版　菩薩蠻數位文化有限公司
製版　昇昇興業股份有限公司
印刷　皇甫彩藝印刷股份有限公司
法律顧問　經兆國際法律事務所　黃沛聲律師

戶名　瑞昇文化事業股份有限公司
劃撥帳號　19598343
地址　新北市中和區景平路464巷2弄1-4號
電話　(02)2945-3191
傳真　(02)2945-3190
網址　www.rising-books.com.tw
Mail　resing@ms34.hinet.net

初版日期　2016年1月
定價　280元

國家圖書館出版品預行編目資料

奶油減量也OK!好吃甜點巧思技法 / 菊地賢一作 ; 郭欣惠譯. -- 初版. -- 新北市 : 瑞昇文化, 2015.11
96　面 ; 25.7 X 18.2　公分
ISBN 978-986-401-060-8(平裝)
1.點心食譜

427.16　104022788